청소년을 위한
과학 인문학

1318 인생학교 앤솔러지 시리즈 03

청소년을 위한 과학 인문학

경이로운
과학생활,
과학을 만나는
9가지 시선

김호연 | 양홍석 | 우석영 | 이권우

이상욱 | 이정모 | 송상용 | 장익준 | 황임경

JINOPRESS

『청소년을 위한 과학 인문학』을 펴내며

　"여러분, 과학이 뭐라고 생각하나요?" 제가 강의에서 자주 던지는 질문입니다. 대답은 거의 비슷합니다. '물화생지' 또는 가끔 '침대'라는 말도 듣습니다. 과학에 대한 우리의 생각을 잘 보여주는 대답입니다. 과학은 자연 탐구를 통해 도출한 체계적인 지식이고 관찰과 실험 그리고 수학적 증명에 기초했으니 확실하고 믿음직한 지식이라는 생각이지요. 그런데 과연 그럴까요?

　과학은 자연현상을 설명하는 지식이고, 관찰과 실험을 동반하면서 정량화된 데이터를 활용하여 수학적으로 표현하는 방법입니다. 하지만 이 책에 나오는 글을 읽다 보면, 과학은 다채로운 성격을 가졌다는 것을 알 수 있습니다. 과학은 세계관이기도 합니다. 우주의 중심에 지구 또는 태양이 있는지에 따라 인간이 세계를 해석하는 내용과 방식은 달라질 수 있겠지요? 자연이나 우주를 보는 과학자의 시선 역시 비슷합니다. 가령 자연을 죽어 있는 대상이나 인간의 필요를 위한 수단으로만 생각하는 경우와 자연을 인간과 함께 살아가는 생명처럼 인식하는 데는 그 대하는 태도나 관계 맺는 방식이 사뭇 다를 것입니다.

역사적 사례를 살펴보면, 과학이 절대적으로 신뢰할 수 있는 지식이라는 인식도 다소 지나치다는 것을 알 수 있습니다. 흔히 과학은 경험적 자료를 하나씩 모으고 쌓아서 자연에 대한 객관적인 지식을 도출하는 인간 활동이라고 생각합니다. 하지만 과학에는 이론적 근거도 중요합니다. 과학연구는 둘 사이의 미묘한 긴장 속에서 진행되거든요. 경험적 증거에 의해 얻은 과학이론도 시간이 지나면 폐기되는 경우가 많습니다. 18세기에 화학 이론을 대표했던 플로지스톤 이론은 라부아지에가 연소실험을 통해 새 이론을 내놓으면서 역사의 뒤안길로 사라집니다. 19세기를 풍미하던 물리학의 에테르 이론도 마찬가지였습니다. 여러분이 잘 알고 있는 과학이론의 반증 가능성은 또 어떤가요? 이는 과학이 다른 지식에 비해 상대적으로 확실할 수는 있어도, 과학적이라는 이유만으로 맹종하거나 마법의 탄환처럼 여기는 것은 위험할 수 있다는 점을 알려줍니다.

이 밖에도 과학은 과학자라는 직업이 존재하는 것에서 알 수 있듯이 현대사회의 주요한 제도이며, 과학연구가 진행되는 과정에 주목하면 그 자체로 인간 활동으로 생각할 수도 있습니다. 이처럼 과학은 여러 모습을 갖고 있습니다. 그럴 수밖에 없는 이유 중 하나는 과학이 사회와 무관하지 않고 사회 속에서, 사회적 요소와 상호작용하면서, 서로를 변형하고 또 서로를 새로운 모습으로 창조하면서 진행되는 인간 활동이기 때문입니다. 따라서 우리는 과학을 사회와의 관계 속에서 펼쳐지는 인간 세상의 중요한 문화로 인식하고, 과학이 우리 모두의 바람직한 미래를 위해 무엇을 어떻게 도울 수 있을 것인지를 성찰하는 것이 중요합니다.

더군다나 지금 우리는 과학이 없는 일상을 상상할 수 없습니다. 정치는 물론이고 경제, 사회 그리고 자연과도 밀접한 관계망을 형성하면서 과학은 세상에 거대한 변화를 일으키고 있습니다. 과학은 비인간을 포함한 하나의 네트워크라는 주장이 나오는 이유입니다. 요컨대 과학은 우리의 삶 자체이고, 우리의 미래입니다. 반드시 과학을 삶의 자양분이 되는 필수적인 공부로 보아야 하는 까닭입니다.

이 책의 저자들은 흥미로운 과학의 모습과 그 과학이 세상과 어떻게 만나야 하는지를 쉽고 알차게 그려주고 있습니다. 과학자들의 위대한 업적을 살펴보다 보면 상상력과 창의성이 무에서 만들어지기보다 오랜 학습과 훈련 그리고 경험의 산물이라는 것을 알 수 있습니다. 열린 사고를 갖고 다른 사람들과 소통할 때 생길 수 있는 사회적 상호작용의 결과물이 상상력이자 창의성이라는 것도 깨닫게 됩니다(「상상력과 창의성에 대한 오해와 진실」). 인간이 무지를 스스로 깨닫고 성찰하면서, 다른 과학자들과 활발하게 교류하면서 과학 역사의 분기점을 이룬 코페르니쿠스 혁명이 이를 잘 보여주는 사례입니다(「코페르니쿠스 혁명」, 「무시의 혁명과 과학 혁명」). 과학에 대한 전문적 이해는 상상력과 창의성의 바탕이 되어 인간과 우주를 올곧게 이해하는 기회를 주었습니다. 이는 과학이 가져올 수 있는 위험이나 인간과 세상이 만나는 방식을 고민하는 계기도 주었습니다(「직립 그날 이후」, 「우주와 우리의 삶」). 실로 우리는 과연 인류가 이룬 지식과 그 응용이 얼마나 정의와 평등에 부합하는지 스스로 물어볼 필요가 있습니다.

여러분! 저는 세상의 그 무엇도 홀로 존재할 수 없다고 생각합니다. 우리 함께 인간을 넘어 살아 있는 모든 것의 소중함을 인식하면서 사람을 위한 과학은 어떤 모습이어야 하는지, 또한 모든 생명의 아름다운 미래를 위해 우리가 어떻게 할 것인지 고민해야 합니다(「왕진 의사를 통해 보는 의학의 휴머니즘」, 「코로나바이러스가 우리에게 알려준 것들」, 「생태적인 삶」).

세상의 모든 것은 연결되어 있고, 그 연결은 우리에게 새로운 도전과 탐험의 기회를 줍니다. 만일 우리가 그런 도전과 탐험을 계속할 수 있다면 모두가 좋은 삶을 살 수 있는 길을 찾을 수 있습니다(「우리는 서로 연결되어 있다」). 과학은 마치 항해하는 배와도 같습니다. 그 배가 어디로 향할지, 또 어느 곳에 다다를지는 아무도 모릅니다. 그렇기에 여러분의 마음과 생각 그리고 공부가 중요합니다. 우리 모두의 미래가 여러분의 손에 달렸습니다. 이 책이 여러분의 세상 여행에 도움이 되기를 바랍니다.

2024년 11월

김호연

| 차례 |

제1장

상상력과 창의성에 대한
오해와 진실

글쓴이_ **이상욱**

한양대학교 철학과 및 인공지능학과 교수. 서울대학교 물리학과 이학사 및 이학석사
후 런던대학교(LSE)에서 물리학 모형이 세계를 이해하는 방식에 대한 연구로 철학박사
를 취득했다. 현재 유네스코 세계과학기술윤리위원회(COMEST) 의장단에 속해 있으며
2021년 유네스코가 공표한 "AI 윤리 권고"의 초안 작성에 참여하였다. 한국과학철학회
회장을 역임했으며 현재 HY 과학기술윤리법정책센터 센터장으로 첨단 과학기술이 제
기하는 다양한 철학적 쟁점을 탐구하고 있다.

상상력과 창의성에
대한 오해

우리는 상상력과 창의성이 강조되는 시대에 살고 있습니다. 최근 급부상하고 있는 인공지능 기술을 활용한 각종 기계 장치들이 사람이 할 일 중에서 자동화가 가능한 영역을 빠르게 대치하고 있는 상황에서 고유한 인간의 영역이라고 여겨지는 상상력과 창의성에 대한 관심이 높아지는 것은 자연스럽습니다. 사실 엄격하게 따지자면 인공지능을 비롯한 대부분의 기술이 인간의 상상력이나 창의성을 흉내낸 것에 불과하기에 진정한 창의성은 여전히 인간의 몫이라고 생각할 수도 있습니다. 하지만 아무리 뛰어난 기술이라도 진정으로 창의적인 결과를 만들어낼 수 없다고 원리적으로 단정하기는 어렵습니다. 사람들도 이미 앞선 사람들의 상상력과 창의성의 산물을 사용하고 개선하려고 노력하는 과정에서 훌륭한 상상력과 창의성을 발휘할 수 있기 때문입니다. 대부분의 경우 창의성은 기존 성과의 학습이나 모방에서 출발하기에, 기계는 새로운 것은 만들지 못하고 인간만이 진정한 새로움을 만들 수 있다는 생각은 인간의 부당한 지적 허영일 수 있습니다.

하지만 현재나 가까운 미래에 등장할 인공지능은 자신이 하는 일의 의미를 이해하고 결과물을 산출하는 것이 아니기에 상상력이나 창의성이 요구되는 분야에서 결정적인 공헌을 하기는 어려운 것이 사실입니다. 그러므로 미래 사회를 이끌어갈 청소년 여러분이 상상력과 창의성에 관심을 갖고 이를 계발하기 위해 어떤 점에 유의해야 할지를 살펴보는 것은 중요한 일일 겁니다.

우선 [그림 1]을 한번 보시죠. 이 그림은 우리가 상상력이라고 하면 흔히 떠올리는 이미지에 해당합니다. 구글 검색창에 'imagination'을 입력하면 항상 첫 페이지에 포함되어 나오는 이미지입니다. 이미지 검색은 사람들이 해당 이미지를 얼마나 자주 사용하는지와 그 이미지가 등장하는 페이지에 얼마나 자주 참조하는지 등을 고려하여 순위를 매깁니다. 그러니까 전 세계적으로 사람들이 imagination(상상력)이라는 개념을 사용할 때 가장 쉽

[그림 1] 인터넷 검색을 통해 얻은 imagination(상상력)의 대표적 이미지

게 떠올리는 이미지 중 하나가 [그림 1]이라고 할 수 있죠.

이 이미지를 보면 어떤 느낌이 드나요? 골똘히 생각에 몰두하고 있는 사람의 머리에서 뭔가 분출되고 있죠? 굉장히 화려하고 다양한 형형색색의 무언가가(아마도 창의적인 생각을 상징하겠죠?) 마구 넘쳐나고 있다는 걸 볼 수 있습니다. 여러분이 여기서 짐작할 수 있는 것은 무엇일까요? 적어도 상식적인 수준에서 상상력이란 이 이미지에서 나타나듯 무언가 머리에서 자연스럽게 넘쳐나는, 그러니까 뭔가 꼼꼼하게 생각하고 신경 쓰고 애를 쓰고 하는 과정에서 나오는 것이 아닌 것 같죠? 그보다는 별다른 노력 없이 얻어지는 천재적인 영감이나 문득 아! 이거다 싶은 기가 막힌 어떤 우연적인 발상이야말로 상상력의 핵심이라는 느낌을 줍니다. 그런 자연스러운 그리고 그 과정을 언어적으로 표현하기조차 어려운 것들에 의해 즉흥적으로 막 터져 나오는 것이 상상력이란 말이죠. 그렇게 터져 나온 상상력의 특징은 그림의 화려함에서도 알 수 있듯이 누가 봐도 '멋있다', '정말 신선하다', '어쩌면 저런 생각을 할까', '기가 막히네!' 등의 반응을 하지 않을 수 없게 하는 호소력이 있다는 거겠죠.

제가 상상력과 창의성에 대한 논의를 이 그림에 대한 설명으로 시작한 이유가 있습니다. 실제 인류 역사에 중요한 영향을 끼친 학술 연구 과정, 예를 들어 과학기술 연구 과정에서 활용되고, 생산적이고, 성공적이고, 유용한 상상력은 이런 특징, 즉 별다른 노력 없이 자연스럽게 분출되고 그 내용의 참신성에 누구나 동의할 만큼 명백한 특징이 거의 없다는 사실을 말씀드리기 위해서입니다. 그런 특징보다는 여러분이 생각하지 못했던, 그리고 과학기술 연구가 어떤 것인지, 과학기술의 지식들이 어떻게 만들어나가는지 그리고 과학기술 혁신이 어떻게 이루어지는지와 밀접하게 연관된 종류의 상상력이 작동하고 있다는 점이 중요합니다.

그런데 문제는 대부분의 사람은(어떤 경우에는 과학기술자 자신들도) 과학기술과 관련된 상상력에 대해 대충 [그림 1]의 생각을 가지고있다는 겁니다. 정치가들도 당연히 예외가 아니겠죠? 그리고 교육학을 연구하는 분들도 많은 경우에 이런 상상력을 떠올리는 것 같아요. 최근 창의성 교육이 강조되면서 과학기술 연구의 창의성을 높이고 상상력을 높이는 과학 교육을 연구하시는 분들이 많은데 이런 분들과 말씀을 나누다 보면, 실제 과학기술에서 상상력이 생산적으로 활용된 구체적인 사례 연구로부터 도출된 결론과 어긋나는 말씀을 하시는 경우가 많아요. 물론 [그림 1]이 상상력에 대한 잘못된 이미지라고 해서 상상력이 주어진 틀을 깨고 자유롭게 생각하는 것과 전혀 무관하다는 뜻은 아닙니다. 그보다는 그 관련의 구체적 내용이 [그림 1]이 시사하는 바보다는 훨씬 더 복잡하다는 겁니다.

코페르니쿠스의
상상력

그럼 인류 역사에서 중요한 기여를 했던 상상력과 창의성은 어떤 특징을 갖고 있을까요? 과학적 상상력을 중심으로 이야기를 해보겠습니다만 실은 본문 48쪽 〈더 읽을거리〉에서 소개한 칙센트 미하이의 흥미로운 연구에서 알 수 있듯이 이런 특징은 다른 분 야에서도 거의 동일하게 나타납니다.

과학기술적 상상력의 핵심은 수렴적(convergent) 상상력과 발 산적(divergent) 상상력으로 정리할 수 있습니다. 성공적인 과학기 술 연구에서 이 둘 모두가 필요하고 그 둘을 성공적으로 종합해내 는 과정에서 과학적 창의성이 발현됩니다. 사실 이런 생각은 이미 토마스 쿤이나 칙센트미하이를 비롯한 여러 학자의 연구에서 발 견되는 내용입니다. 너무나 잘 알려진, 하지만 많은 부분이 극단 적으로 오해되고 있는 유명한 사례를 사용해서 이 결과를 소개해 보려 합니다. 그 사례는 바로 '코페르니쿠스 혁명'입니다.

[그림 2]를 한번 보시죠. 이 그림은 코페르니쿠스 당대에(정 확하게는 코페르니쿠스 사후 얼마 지나지 않아) 그려진 코페르니쿠 스 초상화입니다. 코페르니쿠스가 그가 살던 시대에 어떻게 평가 되었는지를 정확히 보여주고 있죠. 게다가 과학적 상상력에 대해 제가 하고 싶은 이야기가 잘 함축되어 있기도 합니다.

자, 이 초상화를 살펴보기 전에 코페르니쿠스에 대한 상식적 평가를 떠올려봅시다. 상식적 평가에 따르면 코페르니쿠스는 종 교적 박해를 두려워해서 자신의 '올바른' 태양중심설을 살아생전 에 발표하지도 못한 비운의 과학자입니다. 자신이 발견한, 지구

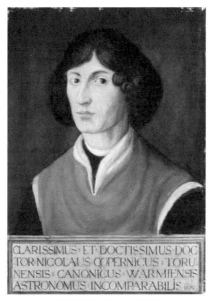

[그림 2] 코페르니쿠스 초상화(1575)

가 돈다는 '명백한' 사실이 당시의 기독교 교리에 어긋났기 때문
에 자신의 주된 저서인『천구의 회전에 관하여』출간을 죽을 때까
지 미루었다는 이야기는 유명합니다. 이렇게 이해된 코페르니쿠
스는 당시 지배적인 견해였던 프톨레마이오스 천문학의 대척점
에 있는 인물입니다. 명백한 과학적 증거를 무시하는 거대한 주
류 견해에 맞서 홀로 진리를 밝혀낸, 일종의 고독한 저항적 지식
인 같은 이미지겠죠.

사실 코페르니쿠스에 대한 이런 이미지는 최근에 만들어진 것도 아닙니다. 과학혁명 시기를 거쳐 뉴턴의 근대역학이 행성의 운동을 정확하게 설명해내면서 코페르니쿠스를 근대 과학 여명기의 저항적 영웅으로 묘사하는 이런 이미지는 특히 18세기 계몽 사상의 시대에 널리 퍼지게 되었습니다. 계몽 시대에 대한 글을 읽어본 사람은 알겠지만, 볼테르나 디드로 같은 계몽철학자들의 특징은 타파해야 하는 기존 체제의 주요 세력인 가톨릭교회에 비판적이었습니다. 그래서 권위로 자유로운 사상을 찍어 누르는 보수적 종교 세력에 대항했던 계몽철학자들에게는 그런 체계에 저항하면서 자연철학의 빛을 수호하려 노력했던 영웅이 필요했습니다. 이런 맥락에서 참된 진리를 발견하고도 종교적 박해가 두려워 출판할 수 없었다고 알려진 코페르니쿠스나 역시 참된 코페르니쿠스 이론을 옹호했다는 죄목으로 종교재판을 받은 갈릴레오 같은 사람이 영웅으로 떠오른 겁니다. 고독한 저항적 지식인 코페르니쿠스의 이미지는 최소한 200년 이상 된 편견이란 겁니다.

　자, 그럼 이것이 왜 편견인지 살펴봅시다. [그림 2]를 보면 코페르니쿠스를 라틴어로 '카노니쿠스 아스트로노무스 인콤파라빌리스(canonicus astronomus incomparabilis)'라고 지칭하고 있습니다. 물론 다른 표현도 있지만 이 평가가 핵심입니다. 일단 제일 쉬운 것부터 하죠. 이 표현의 두 번째 단어인 아스트로노무스는

'천문학자'라는 뜻입니다. 영어의 astronomer를 생각하시면 됩니다. 코페르니쿠스가 천문학자였으니 이거야 쉽게 이해됩니다.

그런데 첫 단어인 카노니쿠스(canonicus)는 영어의 canonical에 해당하는 의미입니다. 영어 canonical에는 여러 뜻이 있지만 코페르니쿠스의 맥락에서는 가장 주요한 두 의미에 주목할 필요가 있습니다. 첫째는 교회와 관련된, 즉 '교회적인'의 뜻입니다. 좀 뜻밖이죠? 코페르니쿠스는 교회에 저항한 사람인데 교회와 관련되어 있다든지 교회적이라는 건 엉뚱하게 들립니다. 또 다른 뜻은 '표준적' 혹은 '모범적'이라는 뜻입니다. 이것도 많이 이상합니다. 코페르니쿠스는 당시의 주도적 견해에 반기를 든 고독한 아웃사이더 아닙니까? 그런데 어떻게 '표준적'이거나 '모범적인' 천문학자일 수 있습니까? 모범적 천문학자라면 당대의 다른 모든 천문학자가 존경하고 본받기를 원할 정도로 탁월하다는 평가를 받아야 할 텐데 코페르니쿠스는 종교적으로 이단적인 주장을 해서 배척당한 천문학자 아니었나요? 무언가 형용모순처럼 느껴질 정도입니다.

마지막으로 '인콤파라빌리스(incomparabilis)'는 요즘 영어로 incomparable의 뜻입니다. 그러니까 코페르니쿠스가 당대에 견줄 만한 사람이 없을 정도로 뛰어난 천문학자였다는 겁니다. 그런데 코페르니쿠스가 다른 천문학자와 비교 불가능할 정도로 뛰어난 능력을 보여주었던 천문학은 어떤 천문학이었을까요? 당연히 자신이 뛰어넘은, 당시 모든 천문학자가 학습하고 연구하던 프톨레마이오스의 천문학이었겠죠. 이 역시 새로운 천문학을 제안해서 다른 천문학자들에게 따돌림당하는 주변부 과학자, 코페르니쿠스의 상식적 이미지와는 잘 어울리지 않습니다.

도대체 어떻게 된 걸까요? 이 초상화가 코페르니쿠스를 사실과 다르게 극찬한 것일까요? 이 점을 판단하려면 당대의 관련 자료를 살펴봐야 합니다. 실제로 당대의 다른 천문학자들이 코페르니쿠스를 어떻게 평가했는지, 코페르니쿠스의 이론이 어떤 평가를 받았는지, 교회와 코페르니쿠스의 관계가 정확히 어땠는지 등을 살펴봐야 합니다. 이런 자료를 제대로 살펴보면 이 초상화에 나타난 코페르니쿠스에 대한 평가가 매우 정확하다는 것을 알 수 있습니다.

일단 코페르니쿠스의 프톨레마이오스 천문학자로서의 탁월함은 당시 대다수 천문학자에 의해 칭송되었습니다. 사실 코페르니쿠스의 태양중심설과 프톨레마이오스의 지구중심설은 태양과 지구의 위치가 바뀌었을 뿐 그 이론 구조나 수학적 기법은 거의 같습니다. 코페르니쿠스는 주전원, 이심원 등 프톨레마이오스 천문학의 여러 수학적 기법에 있어 '인콤파라빌리스' 수준의 기량을 보여주었습니다. 그래서 다른 천문학자들이 그를 (프톨레마이오스 천문학자로서) '카노니쿠스'하다고, 다른 천문학자들의 '모범'이 될 만하다고 평가한 것입니다.

좀 특이하죠? 그러니까 코페르니쿠스는 자기가 원래 최고인 분야를 자기가 뒤엎은 셈입니다. 모든 사람이 '프톨레마이오스 천문학에 대해서는 코페르니쿠스만큼 잘 아는 사람이 없다'고 했던 천문학을 자기 스스로 극복한 겁니다. 정말 대단한 업적이 아닐 수 없습니다.

여기서 코페르니쿠스가 '교회적'이라는 의미로 '카노니쿠스'였다는 부분을 설명해보죠. 일단 과학자가 과학 연구를 해서 생계를 유지할 수 있게 된 것은 일반적으로 19세기 중반부터입니다. 200년도 채 되지 않았다는 겁니다. 그 전에도 물론 그런 사람이 없었던 것은 아닙니다. 뉴턴처럼 대학의 교수로서 자연철학을 연구한다면 가능했겠죠. 하지만 과학을 연구하는 일이 요즘처럼 연구소에 취직하는 식으로 직업으로 자리 잡은 것은 과학의 오랜 역사에서 극히 최근입니다. 그 전까지 과학자들은 티코 브라헤처럼 본인이 엄청난 부자이거나 갈릴레오처럼 누군가의 후원을 받아야 했습니다. 그도 아니면 다른 본업을 갖고 추가적으로 과학 연구를 하는 방식을 택해야 했습니다.

코페르니쿠스는 마지막 유형입니다. 비록 그가 천문학자로서 전 유럽에 명성을 떨치기는 했지만 천문학자는 생계를 유지하는 직업이 될 수 없었습니다. 그의 본업은 현재 폴란드 북쪽에 있었던 (지금은 없어진) 바르미아라는 공국에 있는 교회의 참사위원이라는 고위직이었습니다. 바르미아 참사회는 대주교에 의해 다스려지는 바르미아 공국의 중요 의사결정 기관이었는데, 거기서 코페르니쿠스는 교회가 가진 땅을 관리하고 소작료를 받는 등의 재정 관련 일을 했습니다. 가끔 주변국들과 분쟁이 벌어졌을 때 바르미아 대주교를 대표하는 외교사절 노릇을 하기도 했습니다.

요점은 코페르니쿠스가 당시 교회 체제에서 상당히 중요한 핵심 세력에 속했다는 사실입니다. 코페르니쿠스는 결코 교회에 반대하거나 저항하는 인물이 아니었습니다. 실제로 코페르니쿠스의 동료 참사의원 중에는 대주교가 된 친구들도 여럿 있습니다. 이들은 코페르니쿠스에게 『천구의 회전에 관하여』를 빨리 출간하라고 여러 차례 권유했습니다. 출판을 반대한 것이 아니라 재촉했다는 겁니다. 왜 그랬을까요? 당시 바르미아는 폴란드, 프러시아 등 주변국의 위협을 받는 작은 나라였습니다. 그래서 바르미아의 코페르니쿠스 친구들은 당대에 널리 알려진 천문학자인 코페르니쿠스가 기존 천문학을 뒤엎는 역작을 발표해서 바르미아를 전 유럽에 널리 알려주기를 원했던 겁니다. 올림픽을 통해 자국의 국위를 선양하려는 요즘 상황과 비슷하다고 할 수 있습니다.

물론 당시에도 『성서』 내용과의 불일치 가능성을 거론하면서 코페르니쿠스 이론의 문제점을 지적하는 사람이 없었던 것은 아닙니다. 특히 그중 유명한 사람이 종교개혁의 시초를 제공한 마르틴 루터입니다. 사실 코페르니쿠스 이론은 가톨릭교회보다 신교에서 더 강력한 비난을 받았습니다. 하지만 중요한 점은 루터를 포함해 종교적 이유로 코페르니쿠스 이론에 반대한 사람들이 있었지만 교회 내에서도 이 이론의 가치를 높이 평가해서 출간을 재촉한 사람도 많았다는 사실입니다. 그러므로 교회 혹은 종교가 한쪽에 있고, 과학이 다른 쪽에 있었다는 식으로 코페르니쿠스 이론을 둘러싼 상황을 이해하는 것은 역사적 사실에 어긋납니다.

코페르니쿠스가 『천구의 회전에 관하여』를 출간하기 전에도 그 이론의 핵심은 당시 유럽 천문학자들 사이에 잘 알려져 있었습니다. 그가 요약본을 미리 출판했기 때문입니다. 이미 이를 통해 코페르니쿠스가 어떤 일을 하고 있고 그 이론의 천문학 체계로서의 장단점이 무엇인지, 달력을 만든다든가 하는 실용적인 목적에 유용한지 등에 대해 대다수 천문학자가 잘 알고 있었습니다.

그래서 코페르니쿠스가 종교적 박해가 두려워 『천구의 회전에 관하여』의 출간을 미루었다는 추정이 더더욱 이상한 겁니다. 이미 코페르니쿠스가 어떤 생각을 하고 그 생각의 장단점이 무엇인지가 관련 학계에서 다 논의되고 있었고, 교회의 핵심 인사까지 포함해 많은 사람이『천구의 회전에 관하여』의 출간을 기다리고 있었습니다. 그런데 왜 코페르니쿠스는 출간을 미루었던 걸까요? 그에게는 충분한 이유가 있었습니다. 이를 이해하기 위해 일단 토마스 쿤에 대해 알아보죠.

토마스
쿤

토마스 쿤은 유명한 과학철학자입니다만 그의 과학철학을 자세히 다루려면 훨씬 많은 지면이 필요하므로 여기서는 쿤의 과학적 상상력과 창의성에 대한 견해를 중심으로 설명하겠습니다. 우선 주목할 필요가 있는 사실은 토마스 쿤이 대개 과학철학자로 알려져 있지만 쿤이 받은 박사학위는 실은 물리학 박사학위 딱 하나라는 점입니다. 즉 쿤은 물리학자로 훈련받고 물리학자로서 연구하면서 자신의 과학철학적 견해를 형성했고, 그렇기에 그가 지닌 과학 연구의 본성에 대한 이야기는 과학 연구를 경험해본 사람들에게 설득력이 큽니다.

토마스 쿤은 하버드대학교 물리학과에서 금속의 전도 현상에 대한 연구로 박사학위를 받았습니다. 그는 물리학자로서도 상당히 실력이 있었던 것 같습니다. 하지만 물리학 연구만 하기에는 지적 '야심'이 너무 컸다고 볼 수 있습니다. 쿤은 학생 시절에 자신은 자유전자나 구속된 전자 등의 개념으로 금속에 전기가 통하는 현상을 설명하는 데도 관심이 있지만, 눈에 보이지도 않는 전자라는 것들이 이러이러하게 행동해서 전기 현상을 만들어낸다고 '설명'하는 것이 무엇을 의미하는지를 설명하는 데 더 큰 관심이 있다고 말하곤 했다고 합니다. 전자의 질문은 전형적인 물리학의 연구 주제이고 후자의 질문은 과학철학의 연구 범위에 포함된다고 볼 수 있습니다. 결국 쿤은 학생 시절부터 물리학자로서의 지적 관심과 이 물리학을 메타적으로 성찰하는 철학적 관심 모두를 갖고 있었다고 볼 수 있습니다.

당시 하버드대학교에는 쿤이 가진 질문을 탐색할 수 있는 펠로우라는 좋은 제도가 있었습니다. 박사학위 후 지금처럼 살아남기 위해 치열하게 논문 경쟁을 할 필요 없이 과학적 설명의 본성처럼 보다 근본적인 질문을 몇 년 동안 탐색할 수 있는 자리였죠. 그래서 쿤은 이 펠로우로 있으면서 과학의 역사를 독학으로 공부해서 과학사 논문을 쓰기 시작했고, 이후에는 그 연구 결과에 기반해서 기념비적인 과학철학 저술인『과학혁명의 구조』를 1962년에 발표했습니다. 그러니까 토마스 쿤은 요즘 유행하는 의미에서 진정한 융합적 지식인이었다고 말할 수 있습니다. 실제로 자연과학 연구를 충분히 해본 상황에서 그에 기반한 철학적 탐색을 수행한 사람이라고 할 수 있습니다.

과학혁명은 어떻게
이루어지는가?

쿤의 이론에 따르면 과학혁명은 수많은 뛰어난 과학자가 오랜 시간을 들여 해결하려고 노력했지만 풀리지 않은 문제를 해결하는 과정에서 이루어집니다. 쿤은 이런 문제를 변칙사례(anomaly)라고 불렀습니다. 과학 연구는 결코 쉽지 않습니다. 당연히 열심히 노력해도 풀리지 않은 문제가 있기 마련이고, 여러 과학자의 노력에도 불구하고 수백 년간 풀리지 않은 '난제'도 분명 존재합니다. 이런 난제를 풀면 엄청 유명해지겠죠? 문제는 이런 난제 중에서 원래 문제 자체가 잘못 설정되어 있어 해결이 불가능한 문제도 있다는 겁니다. 괴델이 증명한 '불완전성 정리'는 그런 의미에서 선배 수학자 힐베르트가 제시한 수학기초론 문제가 힐베르트가 요구한 방식으로는 해결 불가능하다는 점을 증명한 것이지요. 하지만 이런 증명이 항상 가능한 것은 아닙니다. 수학에 비해 경험과학에서 그런 증명이 나오리라 기대하는 것은 더더욱 힘들죠.

결국 과학 연구를 수행하는 절대다수의 과학자들은 풀리지 않은 난제가 언젠가는 자신들이 활용하는 기존 해법의 '탁월한' 변형을 통해 풀릴 것이라고 굳게 믿게 됩니다. 우리가 여태까지 못 푼 문제는 우리가 아직 충분히 똑똑하지 않거나 충분히 노력하지 않았기 때문이라고 생각하는 겁니다. 이런 '겸손한' 태도는 종종 후속 연구를 통해 정당화되곤 합니다. 후대 과학자에 의해 정말로 그 난제가 기존 이론 틀 내에서 해결되는 경우가 있거든요. 하지만 다른 각도에서 생각해보면 이런 태도는 '독단적'이라고 생각될 수 있습니다. 과학 연구의 핵심이 비판적 태도를 견지하는 것일 텐데, 자신이 활용하는 기존 해법 혹은 이론에 입각해서 현재 풀리지 않은 문제가 언젠가는 누군가에 의해 풀릴 것이라고 믿고 이론을 유지하는 태도는 그다지 '비판적'으로 보이지 않습니다. 그보다는 과감하게 새로운 이론을 찾아 나서면서 기존의 틀, 쿤이 말하는 패러다임을 혁신하는 노력이 필요해 보이기도 합니다. 실제로 이런 과정, 즉 해당 분야의 기본 전제를 재검토하고 새로운 문제 풀이의 틀을 제시하는 일이 발생하기도 한다는 거죠. 그것이 쿤이 말하는 과학혁명입니다.

　　하지만 과학 연구를 수행하는 현장 과학자의 입장에서 기존 연구 틀에 맞추어 수행하는 방식이 맞는지 아니면 혁명적 과학 연구를 수행하는 것이 맞는지를 판단하기는 매우 어렵습니다. 예를 들어 코페르니쿠스의 새로운 이론을 접한 동료 천문학자들이 무슨 생각을 했을지 상상해보죠. 코페르니쿠스의 새로운 태양 중심 우주 체계는 동료 천문학자들이 보기에 분명한 이론적, 경험적 장점을 갖고 있었습니다. 하지만 지구를 중심에 두고 문제를 해결하려는 기존의 이론 틀과는 정면으로 배치되었죠. 이 상황에서 동료 천문학자들은 구태여 이렇게 새로운 이론 틀을 사용해야 하는지를 고민하는 겁니다. 혹시 기존의 프톨레마이오스 체계도 잘 연구하다 보면 코페르니쿠스 체계만큼이나 성공적으로 모든 문제를 해결할 수 있지 않을까 하는 생각을 하는 겁니다. 자신은 비록 못 하지만 자신보다 뛰어난 누군가는 분명 할 수 있을 거야 하는 희망을 버리기 어려운 거죠.

이 지점에서 코페르니쿠스가 자타가 공인하는 '비교 불가능할 정도로' 탁월하고 모범적인 천문학자였다는 점이 중요해집니다. 약간 이상하게 들릴 수도 있지만 왜 코페르니쿠스가 코페르니쿠스 혁명을 했는가? 왜 다른 사람은 못 한 과감한 혁신을 코페르니쿠스만이 할 수 있었는가? 하는 질문을 할 수 있습니다. 그에 대한 답은 코페르니쿠스가 기존 천문학을 너무나 속속들이 그 장점, 단점, 문제점까지 잘 알았다는 것입니다. 그래서 오직 코페르니쿠스만이 '아, 이 천문학 체계로는 근본적인 한계가 있다, 도저히 더 나아갈 수가 없다, 그러니까 바꾸어야겠다'는 확신을 가졌다는 겁니다. 물론 어떤 방향으로 어떻게 바꾸어야 할까에 대한 참신한 생각도 해야 합니다. 그런데 중요한 점은 과학혁명을 위해서는 그런 '참신한' 생각만이 아니라 기존 패러다임이 근본적 한계에 직면했다는 판단을 정확하고 올바르게 하는 것이 결정적이라는 겁니다. 당대의 천문학자 중 오직 코페르니쿠스만이 당대 프톨레마이오스 천문학에 충분한 자신감을 갖고 그 장점과 한계를 판정할 수 있었기에 새로운 체계로 나아가는 혁명적 발상을 해낼 수 있었습니다.

수렴적 사고와
발산적 사고

앞선 논의를 정리하자면 코페르니쿠스가 과학사에 길이 남을 혁명을 이룩할 수 있었던 이유는 그가 기존 천문학의 장단점을 정확히 파악할 만큼 기존 이론 틀에 정통했고, 동시에 새로운 이론을 제안할 수 있었던 창의성도 발휘할 수 있었기 때문입니다. 이를 토마스 쿤의 용어로 말하자면 코페르니쿠스는 수렴적 사고와 발산적 사고 모두에 능했기에 과학혁명을 이룰 수 있었다고 평가할 수 있습니다.

쿤은 창의성을 주제로 한 학회에서 과학 연구 과정에서 중요한 사고 능력으로 발산적 사고(divergent thinking)와 수렴적 사고(convergent thinking)라는 상반되는 두 개념을 제시했습니다. 이는 결국 과학 연구 과정에서 과학자들이 창의적 상상력을 발휘하는 과정에서 활용되는 것이기에 그에 대응되는 발산적 상상력과 수렴적 상상력에 대해서도 논의할 수 있습니다. 발산적 상상력은 우리에게 익숙한 창의성의 전형에 해당합니다. 익숙한 패러다임을 넘어서서 참신한 대안을 모색하는 비판적 사고 능력이죠. 과학혁명을 성취하기 위해서는 당연히 발산적 상상력이 필요합니다. 코페르니쿠스가 우주 체계에서 지구와 태양의 위치를 바꾼 것이 발산적 상상력이 발휘된 좋은 예시입니다.

수렴적 상상력은 익숙한 기존 풀이법을 잘 변형해서 새로운 문제를 풀어낼 때 필요한 상상력을 의미합니다. 이런 틀에 박힌 과정에서 무슨 상상력이 필요할까 하는 생각이 들 수 있지만 결코 그렇지 않습니다. 예제를 충분히 이해하고도 연습 문제를 푸는 데 고생한 경험을 떠올리면 짐작할 수 있습니다. 기존 풀이법을 '변형'하되 관련 학계에서 수용되는 근본 원리를 모두 지키면서 새로운 문제를 푸는 일은 대단한 상상력을 요구하는 어려운 일입니다.

이처럼 과학자들은 연구 과정에서 발산적 상상력과 수렴적 상상력을 동시에 적절히 활용해서 문제 풀이를 합니다. 하지만 이

두 상상력은 본질적으로 서로 반대되는 개념이기에 쿤이 말하는 '본질적 긴장(essential tension)'을 갖게 됩니다. 즉 성공적인 과학 연구를 위해서는 이 두 상상력이 모두 필요하지만 서로 대립적인 이 두 상상력을 어떻게 조화시킬 것인지, 즉 어떤 상황에서는 발산적 상상력을 활용하고 어떤 상황에서는 수렴적 상상력을 활용할 것인지를 현명하게 결정하기가 매우 어렵다는 겁니다. 쿤이 보기에 이 어려운 본질적 긴장을 생산적으로 관리해나가며 과학 연구를 수행하는 과학자가 바로 창의성이 번뜩이는 과학자입니다.

이행기적 인물로서의
코페르니쿠스

수렴적 상상력은 흔히 혁명적 인물로 이해되는 코페르니쿠스에게조차 매우 결정적으로 나타납니다. 일단 앞에서 우리는 코페르니쿠스가 기존 천문학에 기초한 수렴적 상상력이 뛰어났기에 기존 천문학의 근본적 한계를 직시할 수 있었다는 점을 강조했습니다. 그러고 나서 지구와 태양의 위치를 바꾼 새로운 천문학을 제시한 것은 분명 코페르니쿠스가 발산적 상상력을 활용한 사례입니다.

하지만 우주의 중심을 지구에서 태양으로 바꾼 것을 제외하면 코페르니쿠스 천문학의 거의 모든 특징은 기존 프톨레마이오스 천문학과 차이가 없습니다. 코페르니쿠스도 여전히 천체의 움직임을 계산할 때 자신이 익숙했던 주전원이나 이심원처럼 기존 천문학의 이론적 도구를 활용했습니다. '비교 불가능할 정도로' 탁월한 프톨레마이오스 천문학자인 코페르니쿠스의 수렴적 상상력이 발휘되었던 겁니다.

코페르니쿠스의 업적을 깎아내리려는 것이 아니라는 점을 이해해주기 바랍니다. 코페르니쿠스는 정말 엄청난 일을 해낸 겁니다. 당시 사람들에게 지구와 태양의 위치를 바꾸는 일은 지금 열역학 제2법칙을 거스르는 영구 운동기관을 만들었다고 주장하는 것과 마찬가지로 황당하게 생각되는 일이었습니다. 그런 일이 논리적으로는 가능할 수도 있습니다. 하지만 그런 영구 운동기관이 가능하다면 기존에 우리가 받아들이고 있는 수많은 과학이론을 모두 바꾸어야 하는 엄청난 변화가 있어야 합니다. 마찬가지로 코페르니쿠스 시절에 지구중심설에서 태양중심설로의 변화는 당시에 받아들여지던 수많은 자연철학적 원리에 위배하는 것처럼 보였습니다. 물론 이 원리들은 많은 경우 21세기의 우리가 보기에는 잘못된 원리들입니다. 하지만 모든 과학자는 새로운 이론을 자신이 이미 수용하고 있는 배경이론에 입각하여 판단할 수

밖에 없습니다. 새로운 이론에 장점이 많아도 배경이론에 입각할 때 너무 모순적이라면 참으로 수용하는 데 주저할 수밖에 없죠. 실은 코페르니쿠스도 자신의 새로운 이론이 가진 이론적 난점 때문에 최종적인 저서의 출판을 죽기 직전까지 망설였던 겁니다.

왜 코페르니쿠스는 자신이 교회의 최고위층이고, 교회의 인사들이 출판하라고 했고, 자신을 최고 천문학자로 칭송하는 동료 천문학자들이 고대했는데 죽기 직전까지 출간을 미루었을까요? 기록에 따르면 코페르니쿠스는 죽어가는 병상에서야 마지막 교정쇄를 받았다고 합니다. 동료 천문학자들의 비웃음을 살까 봐 걱정되었기 때문입니다. 자기 이론에 치명적 결함이 있었거든요. 물론 코페르니쿠스도 자신의 이론이 『성서』와 어긋난다는 것은 인식하고 있었습니다. 당연히 당시에는 사람들이 종교적 입장에서 평가를 했고, 교회에서 중요한 직책을 맡은 사람으로서도 신경이 쓰였겠죠. 그런데 그것이 핵심은 아니었습니다.

특허청의
아인슈타인

이제 상상력과 창의성을 훌륭하세 발휘한 또 다른 사례로 아인슈

[그림 3] 아인슈타인이 근무하던 스위스 베른 특허청 사무실 모습

타인을 살펴보겠습니다. 취리히 공과대학 재학 시절 여러 이유로 성적이 좋지 않았던 아인슈타인은 대학 졸업 후 학계에서 자리를 구하지 못했습니다. 그러다가 친구의 도움으로 베른 특허청에서 근무하게 됩니다. 그는 낮에는 일하고 평일 밤이나 주말에 주로 연구했다고 알려져 있습니다. 그러고도 1905년에 기념비적인 3편의 논문(특수상대성 이론, 광전 효과, 브라운 운동)을 써냅니다. 그래서 1905년을 아인슈타인의 '기적의 해'라고 부릅니다. 이런 점 때문에 어떤 사람들은 당시 누군가가 아인슈타인의 재능을 알아보고 그에게 온종일 학술 연구에 몰두할 기회를 주었다면 훨씬 더 많은 업적을 냈을 것이라고 개탄하기도 합니다. 하지만 얼핏

듣기에 그럴듯해 보이는 이런 생각은 타당하지 않습니다. 왜냐하면 아인슈타인의 특허청 경력이 그가 특수상대성 이론을 완성하는 데 많은 도움을 줬기 때문입니다.

아인슈타인은 특허를 심사했습니다. 즉 제출된 기술이 기존 특허보다 참신한지, 유용한지 등을 판정했습니다. 당시 아인슈타인이 심사하던 특허 중에는 서로 다른 장소에 있는 시계를 어떻게 동기화(synchronization)하는지에 대한 특허 신청이 많았습니다. 시계를 동기화시킨다는 것은 범죄 영화에서 볼 수 있듯이 서로 다른 시계를 같은 시각에 맞추는 것을 의미합니다. 동일한 장소에서의 시간은 시계를 서로 견주어 쉽게 맞출 수 있지만 서로 다른 장소, 예를 들어 취리히의 시계와 베른의 시계를 동기화하기는 쉽지 않습니다. 지구상의 서로 다른 장소의 시간은 규약에 의해 모두 다르기 때문입니다.

하루를 24시간으로 나눈 것은 같지만, 지구상의 지점마다 해가 뜨는 시간과 지는 시간은 다릅니다. 예를 들어 우리나라의 아침 9시는 유럽 시간으로는 한밤중에 해당합니다. 지금은 대체적으로 1시간 단위로 시간대를 나눕니다. 하지만 20세기 초까지만해도 중요한 도시마다 시간이 달랐습니다. 사실 이것이 더 자연스러운 겁니다. 지구가 한 시간 단위로 15도씩 찰칵찰칵 돌아가는 게 아니라 연속적으로 회전하고 있으니까, 원칙적으로는 경도

상 차이가 나는 모든 위치에서 각기 조금씩 다른 시간을 규정할 수 있기 때문이죠.

문제는 이렇게 되면 일상생활에서 여러 가지 복잡한 일이 생깁니다. 예를 들어 취리히와 베른의 시간이 다를 것인데, 당시에도 정확하기로 유명한 스위스 기차가 각 도시의 도착 예정 시간에 맞추어 운행되기 위해서는 도시마다 정확히 몇 분씩 시간 차이가 나는지를 측정하고 이를 각 도시의 시계에 반영할 필요가 있습니다. 예를 들어 취리히 시간으로 1시에 출발한 기차가 베른 시간으로 2시에 도착해야 하는데 두 도시 사이의 시간 차이가 7분이라면 기차는 1시간이 아니라 53분 만에 베른에 도착해야 하죠.

당시 아인슈타인이 베른 특허국에서 심사하던 내용 중에는 이 동기화 작업을 전신을 사용하여 자동으로 수행하는 기계 장치에 대한 특허 신청이 많이 포함되어 있었습니다. 이들 기계 장치의 세부 내용은 달랐지만 작동 원리는 같았습니다. 예를 들어 취리히에서 베른으로 전기 신호를 보내면 이 신호가 베른에 도착하자마자 다시 취리히로 보내지도록 하는 장치였죠. 만약 취리히 시간으로 신호가 발신되고 수신되는 데 2분이 걸렸다면 베른 시계는 1분 차이로 취리히 시계와 동기화시킬 수 있는 겁니다. 물론 실제 베른 시간은 여기에 경도 차이로 인한 시간차도 함께 고려해 결정해야겠죠.

혹시 아인슈타인의 1905년 특수상대성 이론 논문을 읽어본 사람이라면 이 과정이 논문에서 아인슈타인이 제안한, 서로 다른 속도로 움직이는 관측자가 각자가 가진 시계를 동기화하는 방식과 동일하다는 것을 알 수 있습니다. 아인슈타인의 베른 특허청 시절을 꼼꼼하게 연구한 과학사학자 피터 갤리슨은 이런 점을 들어 아인슈타인의 특수상대성 이론 연구가 그의 특허청 근무 경험에서 많은 영향을 받았을 가능성을 제기합니다. 이 주장의 의미를 정확히 이해할 필요가 있습니다. 갤리슨의 주장은 아인슈타인이 아무 생각 없이 지내다가 시계 동기화 특허를 보고 영감을 얻어 특수상대성 이론을 만들었다는 이야기가 아닙니다. 관련 기록을 통해 우리는 아인슈타인이 특허청 근무 이전부터 특수상대성 이론의 핵심적인 물음, 예를 들어 빛의 속도로 움직이는 관측자에게 빛은 정지한 것처럼 보일까라는 물음을 여러 각도에서 탐구해왔음을 알고 있습니다. 당시 유럽의 물리학자들을 난처하게 했던 고전역학과 전자기학 사이의 모순에 대해서도 역시 엄청난 고민을 하고 있었고요.

중요한 점은 이렇게 물리학의 난제 해결에 몰두하던 아인슈타인이 그 해결책의 일부를 자신이 생계를 위해 근무하던 곳에서 얻었을 가능성이 높다는 겁니다. 실제로 많은 혁신적이고 창의적인 연구가 이런 식으로 다양한 분야의 자원을 한데 모아 결합하는 과정에서 이루어집니다. 물론 다른 분야의 개념을 그대로 가져와서 자신이 고민하던 문제를 바로 해결하는 경우는 거의 없습니다. 그것을 적절히 변형해야 합니다. 아인슈타인이 심사했던 기계 장치는 유선통신을 통해 기계적으로 시계를 조작하는 것이었습니다. 반면 아인슈타인의 특수상대성 이론에서는 빛을 서로 다른 관측자가 주고받음으로써 자신의 시간과 공간을 규정합니다. 거기에 더해 빛의 속도가 일정하다는 공준(postulate)이 절대적인 역할을 담당합니다. 즉 아인슈타인은 시계 동기화 특허를 단순히 가져다 쓴 것이 아니라 이로부터 아이디어를 얻고 자신의 물리학적 사고와 결합하여 특수상대성 이론을 발전시킨 것입니다.

이처럼 다른 분야에서 자신의 문제 해결에 도움이 되는 아이디어를 얻으려면 평소에 항상 그 문제를 생각하고 있어야 합니다. 그래야 같은 것을 봐도 다른 사람이 못 보는 것을 볼 수 있습니다. 예를 들어 이인슈다인 이전에도 사람들은 서로 다른 속도로 움직이는 관측자의 시간이 느리게 가고 공간이 수축하는 방식에 대한 수학식, 즉 로렌츠-피츠제랄드 수축식을 알고 있었습니다. 하지만 아인슈타인과 달리 다른 물리학자들은 이 식의 의미를 시간과 공간에 대한 근본적인 재해석으로 파악하지 못했습니다. 오직 아인슈타인만이 (그리고 푸앙카레가 약간 다른 방식으로) 이 식이 새로운 물리학을 요구한다고 판단했던 것입니다. 이런 혁명적 판단을 할 수 있기 위해서는 항상 '열린 마음'으로 다양한 접근 방식을 검토하고, 다른 사람의 아이디어에서 자신에게 유용한 부분이 있다면 이를 적절하게 '변형'해서 가져다 쓰는 연구 태도가 필요합니다. 이런 일이 말처럼 쉽지 않지만 아인슈타인의 연구가 이런 연구 태도를 잘 보여주고 있다는 사실은 분명합니다. 생계를 위해 다니던 특허청에서 자신이 심사하던 기술의 특징에 주목하고 이를 자신의 물리학 연구와 연결 지을 수 있는 탁월한 융합적 통찰력이 그것입니다. 이런 점을 고려할 때 어렸을 때부터 다른 분야는 무시하고 수학이나 과학만 시키는(물론 그것만 하고 싶어 하는 학생에게 억지로 다른 분야의 지식을 강요해서는 안 되겠지만) 영재 교육이 바람직한지에 대해서는 의문의 여지가 있습니다.

이처럼 아인슈타인의 '천재적' 과학 연구는 '꼬마 신동'의 압도적인 지적 능력의 산물이거나 자유롭게 상상력을 발휘한 결과가 아닙니다. 그보다는 매우 뛰어난 지적 능력이 다양한 분야에서 남들이 보지 못하는 연결점을 찾는 통찰력과 무서울 정도의 집중력이 결합된 결과라고 볼 수 있습니다. 아인슈타인이 특수상대성 이론이라는 혁신적 이론을 제안한 것은 맞지만, 그 이론의 모든 귀결을 아인슈타인 혼자 다 파악해냈던 것도 아니고 이론 형성 과정에서 모든 요소를 자신이 혼자 다 만들어낸 것도 아닙니다. 아인슈타인의 과학 연구가 천재적인 것은 논란의 여지가 없는 사실이지만 그 천재적 연구의 배경에는 수많은 동료 과학자들의 연구가 자리 잡고 있습니다.

훌륭한 상상력과 창의력을
발휘하기 위하여

천재성과 창의성을 오랜 기간 연구해온 심리학자 칙센트미하이에 따르면 훌륭한 과학적 상상력을 발휘하기 위해서는 각자가 연구하는 분야에서 어떤 문제가 결정적으로 중요한 문제인지를 알아채는 통찰력, 자신의 연구 결과를 동료 연구자들에게 효과적으로 이해시키고 그 중요성을 설득할 수 있는 소통력이 결정적으로 중요합니다. 앞서 살펴본 코페르니쿠스와 아인슈타인 모두 자신의 연구 분야에서 정확히 이런 통찰력과 소통력을 발휘했기에 과학사에 길이 남을 중요한 업적을 낼 수 있었습니다. 그리고 그 과정에서 기존 이론의 장단점을 정확히 파악하고 서로 다른 이론 사이의 긴장 관계나 연관성을 파악하는 수렴적 상상력의 발휘가 익숙한 이론 틀을 벗어나 새로운 가능성을 탐색하는 발산적 상상력만큼이나 결정적으로 중요한 역할을 했습니다.

지금까지 이야기한 내용의 핵심은 이것입니다. 인공지능 시대 우리 사회가 강조하는 창의성은 천재적 영감이나 틀에 얽매이지 않고 자유롭게 생각하는 것만으로 얻어질 수 있는 것이 아닙니다. 그보다는 각자의 분야에서 표준적으로 인정되는 생각들의 장단점을 정확히 파악하고 이를 비판적으로 극복하려는 진지한 노력의 과정이 필요합니다. 이 과정에서 앞서 강조한, 여러 분야를 가로질러 연관성을 찾는 통찰력 또한 중요합니다. 기억해야 할 점은 이 모든 능력이 '연습'을 통해 조금씩 향상될 수 있는 계발 가능한 능력이라는 점입니다. 모든 사람이 코페르니쿠스나 아인슈타인처럼 역사에 길이 남을 업적을 남기기는 어렵습니다. 하지만 누구라도 이들처럼 수렴적 상상력과 발산적 상상력 사이의 본질적 긴장을 잘 조정해나가면서 자신의 역량을 키워나갈 수는 있습니다. 상상력이 있고 없고의 온/오프 스위치가 아니라 꾸준한 노력으로 높일 수 있는 만보계라는 점을 명심하기 바랍니다.

〈더 읽어볼 거리〉
이상욱, 『과학은 이것을 상상력이라고 한다』, 휴머니스트, 2019.
한양대학교 과학철학교육위원회 엮음, 『과학기술의 철학적 이해 1』, 한양대학교출판부, 2017.
한양대학교 과학철학교육위원회 엮음, 『과학기술의 철학적 이해 2』, 한양대학교출판부, 2017.
홍성욱, 이상욱 외, 『뉴턴과 아인슈타인: 우리가 몰랐던 천재들의 창조성』, 창비, 2004.
데이바 소벨, 장석봉 옮김, 『코페르니쿠스의 연구실』, 웅진지식하우스, 2012.
미하이 칙센트미하이, 노혜숙 옮김, 『창의성의 즐거움』, 북로드, 2003.
피터 갤리슨, 김재영·이희은 옮김, 『아인슈타인의 시계, 푸앙카레의 지도』, 동아시아, 2017.

제2장

직립
그날 이후

글쓴이_ **양홍석**

동국대학교 사학과를 졸업하고 같은 대학원 문학박사 학위를 취득했다. 현재 동국대학교 문과대 사학과 교수로 재직 중이며 한국미국사학회 회장, 동국역사문화연구소 소장을 맡고 있다. 지은 책으로 『미국정치문화의 전개』, 『미국기업성공신화의 역사』, 『고전으로 가는 길』(공저), 『고귀한 야만』 등이 있고, 옮긴 책으로 『미국의 팽창』, 『사료로 읽는 미국사』(공역), 『대한민국임시정부 자료집 20: 주미외교위원부 II』(공역), 『아메리칸 시스템의 흥망사』 등이 있다.

과학
하기

수많은 영장류 중에서 현재 우리 사람만이 두 발로 서서 걷습니다. 놀라운 일이 아닐 수 없습니다. 과거 어느 순간 이렇게 곧추서게 되었다는 사실이야말로 인류가 지금과 같은 발전을 이룩하는 데 있어 획기적 이정표가 되었습니다. 하지만 우리의 고인류 선조가 왜 이런 놀라운 결정을 하게 되었는지 확인하는 것은 그렇게 쉬운 일이 아닙니다. 지금까지 많은 학자가 발굴된 뼛조각들을 가지고 여러 설명을 하고 있지만 선명하게 와닿는 주장은 거의 없습니다. 그 이유는 과연 무엇일까요?

첫 번째 이유로 무엇보다 현재 우리는 두 발로 서게 되었을 당시의 환경과 조건과는 너무나 다른 곳에서 살고 있어 그때를 잘 이해할 수 없다는 점입니다. "과거는 외국이다"라는 말이 있습니다. 외국에 사는 사람들은 우리와 함께 현재라는 시간을 공유하고 있음에도 전혀 다른 삶의 양상을 보여줍니다. '이국적'이라는 말은 도저히 이해될 수 없는 자연과 사람의 생활상을 맞닥뜨렸을 때 사용하는 비겁한 표현일지도 모르겠습니다.

이와 마찬가지로 약 700, 800만 년 전 먼 과거의 어떤 조건과 상황에 의해 우리가 직립의 길로 들어섬으로써 유인원 중에서도 독특한 우리의 선조가 탄생하게 되었다는 사실을 쉽게 받아들일 수 없다는 것은 어쩌면 당연할 수도 있습니다. 그러나 우리와 같은 시대에 있는 이질적인 문화를 쉽게 이해할 수 없는 것처럼 우리의 오랜 과거에는 지금의 시각으로는 결코 이해할 수 없는 일들이 실로 헤아릴 수 없이 발생했을 것입니다. 그러므로 우리는 외국이나 더 먼 시간 속의 우리와 연결되는 고인류를 이해하기 위해서는 충분히 그리고 넉넉하게 우리 안에 있는 철옹성 같은 오감의 익숙한 외피를 벗어던지고 그들을 이해할 수 있는 방향으로 마음을 열어주는 교정의 시간이 필요할 것입니다.

다른 말로 하면 충분히 우리가 지금까지 익숙한 경험 세계에서 벗어나 "아는 것으로부터의 자유"가 필요한 것입니다. 특히 직립이 일어난 시점 언저리에 대해서 이해하고, 우연이든 필연이든 왜 이런 놀라운 성취를 이룩할 수 있게 되었는가를 이해하기 위해서는 우리가 아는 경험을 완전히 뛰어넘는 혁명적인 사고의 전환과 감수성이 요구됩니다. 이것이 바로 우리가 보이지 않는 까마득한 과거로 긴 여행을 갈 때 마음에 필히 담아두어야 할 열린 기준이요 출발점입니다. 이것은 또한 다음에 이야기할 과학하기의 길에 이르는 방식과도 상호 연결되는 것이기도 합니다. 어떤 문제에 대해서 연구하고 설명하는 최고의 방법이라고 인정받고 있는 과학은 사실 어쩌면 우리의 이해를 방해하는 원인이 될 수도 있습니다.

우리는 전문가에 대한 최고의 칭송으로 과학과 과학자라는 말을 사용하고 있습니다. "침대는 과학이다"라는 광고가 한때 히트를 친 적이 있습니다. 과학의 위상을 높여준 탁월한 광고라는 생각이 듭니다. 그만큼 과학과 그것을 하는 과학자는 우리 사회에서 공경의 대상이라는 의미일 것입니다. 모든 전문가 이른바 과학하는 사람들은 우리 시대에서 가장 현명하고 논리적으로 진리를 탐구하는 일에 집중하고 있는 사람들이고 우리는 이들의 설명에 많이 의존합니다. 그런데 사실 이 과학자들은 자신들이 하는 일이 진리 탐구인지에 대해 쉼 없이 의심합니다. 위대한 사색과 탐험의 연구를 통해 얻은 결론은 '언제나 어느 곳에서나 증명할 수 있는 진리는 없다는 것입니다. 그들은 대략적으로 또는 확률적인 차원에서만 자신의 이론과 주장을 스스로 인정하고 있습니다. 보통의 우리는 이러한 난맥상에 혼란스러울 뿐입니다.

그런데 과학을 하는 전문 학자들이 아리송하고 애매한 답변으로 제시할 수밖에 없는 이유에 대해 생각해볼 필요가 있습니다. 과학을 한다는 사람들은 이른바 반증가능성을 자주 이야기합니다. 그들은 자신의 주장을 실험과 관찰을 통해 증명하고 그 결과를 이야기하지만 항상 틀릴 수 있다는 열린 마음을 가지고 있습니다. 그리고 자신의 주장이 대체적이고 확률적으로 받아들여질 수 있지만 절대적이라고 생각하지 않습니다.

이 글을 쓰는 사람이 공부하는 분야가 인문과학에서도 역사학입니다. 그런데 과학이라는 이름을 붙이고 있는 이 학과가 왜 존재해야 하는지에 대해 한번 생각해봅니다. 지금까지 이 학문을 공부하는 사람들이 헤아릴 수 없을 정도로 많았고, 그들은 각자 자신의 이론과 주장을 설파해왔지만 여전히 연구는 계속되고 있습니다. 그들은 지금까지 역사학의 전문가들이 밝힌 해답에 대해서 의문을 갖고 그들만의 새로운 방식으로 해답을 찾아보기 위해서 오늘도 계속 공부하고 있습니다.

우리가 알고 있는 역사적 과거 사실들은 역사가의 여러 편향을 통해 만들어진 것들입니다. 다른 말로 하면 우리가 알고 있는 역사적 사실은 많은 부분에서 역사가들의 주관적 관점이 스며든 내용입니다. 즉 주관에서 벗어날 수 없다는 말입니다. 그러므로 모든 역사는 역사가의 역사이지 과거의 순수한 사실 자체가 아닙니다. 그런 이유로 인문과학 또는 사회과학의 한 부분으로서 역사학은 항상 틀릴 수 있다는 반증가능성을 열고 오늘도 내일도 계속 공부하는 것입니다.

이와 같이 대학에서 과학을 공부하는 이들은 진리에 보다 가까워지기 위해 열린 마음을 가지고 오늘도 노력하고 있습니다. 과학의 진정한 가치는 틀릴 수 있다는 것을 스스로 인정하는 것에 있습니다. 변치 않는 진리가 있다고 주장하고 가르치는 분야가 있다면 이는 과학을 넘어서 종교에 가깝다고 할 수 있습니다.

이야기가 옆으로 빠졌는데 이와 같은 이유로 고인류 시대에 우리 선조들이 왜 서게 되었는가에 관한 과학자들의 수많은 주장과 이에 대한 반박과 재반박이 넘쳐나는 것입니다. 그리고 과학자들은 지금까지의 주장에 대해 반증가능성을 열어두고 오늘도 공부하고 있습니다. 현재까지 직립에 관하여 말해주는 가설만 하더라도 사바나설, 음식물운반설, 협력설, 에너지효율설, 적자생존설, 일사량조절설, 지면복사열회피설, 장거리이동설, 수생유인원설, 발구조의 변화설, 초신성 폭발설, 근친교배회피설 등이 있고 지금도 새로운 이론들이 끊임없이 쏟아져 나오고 있습니다.

이런 새로운 가설들을 통해서 우리의 과학은 더 엄격하게 조정을 거치면서 진실에 접근하고 있습니다.

그런데 오늘 우리가 여러분과 알아보고자 하는 것은 이 "직립 이후 우리 몸의 변화는 무엇인가?"입니다. 앞에서 이야기한 "왜 직립을 하게 되었는가?"는 다음 기회에 알아볼 것을 약속하고 오늘은 직립 이후 우리 몸의 변화에 한정해서 알아볼 것입니다. 이유는 간단합니다. "왜 직립을 하게 되었는가?"에 대한 설명과 해답보다는 "직립 이후 우리 몸의 변화는 무엇인가?"에서 과학자들 사이의 논란이 상대적으로 적기 때문입니다. 물론 이 분야에서도 논쟁이 없지는 않습니다. 그러나 앞으로 소개할 내용으로 볼 때 이 정도로 괜찮지 않을까 하고 위로해봅니다. 우리의 먼 조상들이 왜 서게 되었는가 하는 이유에 대해 다양한 해석이 있듯이 직립 후 변화에 대해서도 논란은 여전합니다. 항상 틀릴 수 있다는 열린 마음이 과학하기의 근본입니다. 그래서 과학은 위대합니다.

직립 이후
우리 몸의 변화들

직립 이후 우리의 고인류 선조들은 사냥에 집중하게 되었다는 것이 일반적인 학설입니다. 이것도 정확히 확인할 수 없는 주장 중하나입니다. 선조 원숭이들이 살던 아프리카에서는 지구온난화의 영향으로 갈수록 숲이 줄고 대신 거대한 초지가 생겨나고 있었습니다. 이런 변화에서 숲속에서 한가롭게 손과 발로 과일을 따 먹던 좋은 시절은 사라졌습니다. 인류는 초지에 적응하기 위해 서게 되었습니다. 그리고 이제 완전히 다른 방식으로 먹이 활동을 하게 되었을 것입니다. 바로 사냥입니다. 만일 그런 설명 방식이 타당하다면 이들은 채식보다는 주로 육식을 했을 것으로 보입니다.

몸을 세우고 걷게 되면서 그리고 사냥에 주로 매진하면서 그들은 생존이 얼마나 힘든 일인가를 새삼 확인하게 되었을 것입니다. 지금도 멧돼지 한 마리를 잡는 데 여러 가지 신출귀몰한 장비를 동원하여도 쉽지 않습니다. 텔레비전을 보면 여러 명의 포수가 긴밀히 협력했음에도 결국 실패를 거듭합니다. 우리의 고인류 선조들에게 사냥은 분명 더욱 어려운 일이었을 것입니다. 그들이 목표로 하는 사냥감은 속도를 자유자재로 낼 수 있어 사냥꾼들은 그들의 경쟁 상대가 되지 못했습니다. 그러나 고인류는 비록 속도에서는 상대가 되지 못했지만 천천히 오래 걸을 수 있는 능력을 가지고 있었습니다. 이를 통해 긴 거리를 오래 추적하여 사냥할 수 있었을 것입니다. 이 과정에서 한 사람의 노력보다는 여러

사람의 협력이 좋은 성과로 이어졌을 것입니다. 여러 번의 시행
착오 과정을 통해 서로 간의 협력이 보다 효과적이라는 것을 알
게 되었을 것입니다.

발의
변화

이렇게 사냥이 중요해지면서 더 변화하게 되었을 것입니다. 두 발
로 서게 된 후 오래 걷기를 통해 더 복잡한 신체적 장치가 진화했
습니다. 그중 가장 발전한 것이 걷기에 필수인 발이었습니다. 네
발로 걸을 때는 아무래도 무게중심이 여러 곳으로 분산됩니다. 그
러나 이제 그렇지 않게 되자 문제가 발생했고 이를 조정하는 과정
에서 발에 큰 변화가 일어납니다. 현재 우리의 발은 다른 영장류
와 비교해서 많은 뼈로 치밀하게 짜인 구조를 보입니다.

　우리 몸의 뼈는 270개이고 나이가 들면 206개로 줄어듭니다.
머리의 29개, 척추의 26개, 가슴의 25개를 합하면 총 80개입니다.
나머지 126개가 하체를 중심으로 구성되어 있습니다. 그중 손과
발에는 각 27개 26개 뼈가 있습니다. 무려 106개가 손과 발에 집
중되어 있습니다. 네발을 이용하여 이동하는 동물과는 분명한 차

이를 보입니다. 발을 무수히 사용하는 과정에서 독특하고 정교한 구조로 발전했을 것입니다. 그러한 52개 뼈로 이루어진 정교한 발의 구조는 사냥을 하는 데 있어 신속성과 정확성을 배가시켰을 것입니다. 특히 엄지발가락은 과거 나무 위에서 쥐는 역할을 포기하게 된 대신 직립과 이동에 필요한 균형, 도약, 속도 조절, 방향 설정 등 중요한 기능을 맡게 되었습니다.

손의 변화

고인류가 나무에서 살아갈 때는 손을 많이 이용했을 것입니다. 원숭이들이 나무를 잡고 공중묘기를 부리는 것만 보아도 발보다는 손이 중요했음을 알 수 있습니다. 양손에만 54개 뼈가 있다는 것에서 우리는 직립 이후에도 손 역시 계속 발전했음을 알 수 있습니다. 많은 학자가 사냥에 필요한 각종 도구를 사용할 수 있게 손이 발전했으리라 짐작합니다. 손 중에서도 엄지손가락은 놀랍게 변모했을 것으로 봅니다. 우리의 엄지는 다른 손가락과 완전히 마주할 수 있도록 발전했습니다. 물건을 잡거나 던지는 데 있어 고도의 정확성을 확보할 수 있는 것은 바로 이 엄지의 최적화

된 기능 때문입니다. 이른바 '맞서는 엄지'는 다른 동물에서는 거의 찾아볼 수 없는 것입니다.

우리와 비슷한 계통에 있는 침팬지는 손가락 네 개는 길고 굵지만 엄지는 아주 짧습니다. 그러나 상대적으로 인간의 네 손가락은 짧고 엄지는 확실히 굵고 깁니다. 엄지와 다른 네 손가락의 협동 작업으로 우리는 자유자재로 손을 이용하여 물건을 집고, 도구를 정확하게 사용할 수 있게 되었습니다. 여기에 하나 더 있습니다. 이제 자유로워진 손으로 사냥에 필요한 물건과 도구를 손쉽게 사용할 수 있게 되었습니다. 직립이 아닌 상태에서 도구를 사용하는 것이 얼마나 어려운지는 쉽게 이해할 수 있습니다. 두 발로 걸음으로써 진정으로 자유로워진 손으로 도구를 자유로이 사용하는 길로 들어선 것입니다.

위의
변화

직립 이후 고인류가 사냥에 집중하면서 협력과 기술이 날로 증가했고 지상에서 최고의 포식자가 되어갔습니다. 여기에 우리의 위도 변화를 겪었을 것입니다. 채식을 할 때보다 더 왕성한 소화능력을 가지게 되었을 것입니다. 우리의 위에 있는 강력한 위산이 그런 사냥과 육식이 낳은 결과라고 할 수 있습니다. 특히 위산은 여러 박테리아로부터 우리 몸을 보호하는 기능을 합니다. 현재 우리가 가진 고고학적 증거는 현생인류가 직립과 사냥을 통하여 이러한 변화를 겪었음을 증명하지만 고인류학에서도 같은 경우 가 발생했으리라 추측할 수 있습니다. 인간이 사냥을 통해 대량 의 고기를 얻고 이를 며칠 동안 식용하면서 소화기관에 좋지 못 한 박테리아가 넘쳐흐르게 되었습니다. 이는 심각한 문제를 야기 할 수 있었습니다. 위는 스스로 병균의 오염으로부터 몸을 보호 하고 생명을 유지하여야 했습니다. 그런 이유로 준비된 자정 노 력이 강력한 위산이었을 것입니다.

털의
변화

지구상의 유인원 중 인간만이 피부에 털이 부족합니다. 일반적으 로 사바나 이론에서 그 원인을 찾고 있습니다. 직립 이후 사냥을 주로 하게 됨으로써 초원지대에서 짐승을 쫓는 일이 다반사가 되 었을 것입니다. 그 경우 우리 몸의 온도는 상상을 초월할 만큼 올라갔을 것입니다. 몸에 무리가 가지 않으려면 신체 온도를 일정한 상태로 유지해주는 체온 조절 시스템이 필요했습니다. 열을 빨리 배출하기 위해 자연스럽게 털이 없어질 수밖에 없었다는 것입니다. 여기에 땀샘 또한 발달하여 열을 빨리 배출하는 기능을 갖추었을 것입니다. 땀이 증발하면서 몸의 온도가 낮아지기 때문입니다. 인간은 털을 제거함과 동시에 수백 만 개의 땀샘을 통하여 효과적인 체온 조절 기능을 갖게 되었습니다. 물론 이러한 주장에 대한 이의 제기 역시 만만치 않습니다.

예를 들어 사냥을 담당하지 않던 암컷의 경우에는 체온을 특별히 조절할 필요가 없을 것입니다. 오히려 이런 경우 털이 없다면 추위가 엄습해오는 밤에는 보온에 심각한 문제가 생길 수 있습니다. 이처럼 논리적으로 이해할 수 없는 문제점을 여전히 안고 있지만 학자들은 사냥으로 털이 없어진 것이 아닌가라는 추론을 견지합니다. 재미있는 것은 고인류는 처음에 물에서 생활하였고 그 과정에서 털의 필요성이 없어졌을 것이라는 주장입니다. 털은 물속에서 별로 도움이 되지 않기에 돌고래나 고래처럼 없어졌다는 이론입니다. 최근 또 하나의 흥미로운 가설 중 하나는 털과 피부에 기생하는 온갖 곤충과 박테리아를 최대한 줄여보려 했다는 것입니다.

흔적
기관

지금은 없지만 흔적으로 확인할 수 있는 것이 우리 몸에 남아 있습니다. 그중 하나가 꼬리뼈입니다, 우리도 다른 동물과 마찬가지로 꼬리를 가지고 있었다는 사실을 보여주는 증거입니다. 특히 우리와 비슷한 원숭이도 꼬리를 가진 경우가 많고 오랑우탄이나 침팬지, 고릴라 경우 역시 꼬리는 없지만 꼬리뼈를 가지고 있습니다. 꼬리뼈 역시 우리가 직립함에 따라서 우리 몸이 진화해왔다는 증거일 것입니다. 꼬리뼈는 직립을 유지하는 데 엉덩이 부분에서 큰 역할을 합니다. 앉을 때 몸을 유지하고 지탱하는 데도 일정 역할을 담당합니다.

이 밖에도 우리 몸은 여러 곳에 흔적기관을 가지고 있습니다. 귀를 원활하게 움직였던 이각근도 그중 하나입니다. 귀의 중요성은 나무와 숲에 살 때보다 줄었습니다. 직립 이후 그 역할을 이제 눈이 맡게 되었습니다. 사바나 기후에서 초지는 개방지이므로 시야 확보는 결정적으로 중요했고 다양한 변화를 가져왔을 것입니다. 이 밖에도 사랑니, 맹장에 붙은 충수, 그리고 앞에서 이야기한 털도 흔적기관입니다.

양육과
협력

자신의 유전자를 다음 세대에 전달하는 일은 동물의 가장 근본적인 본능 중 하나입니다. 고인류학을 공부하는 학자들이 궁금해하는 것은 인류를 지구상 최고의 승리자가 될 수 있게 만든 근본 원인입니다. 그 해답의 하나로 다른 동물에 비해 남성이 육아에 적극적으로 참여하였고 인구가 순조롭게 증가했다는 점을 들 수 있습니다. 이런 연구는 고인류학에서보다 우리와 직접 관계되는 현생인류학에서 찾아볼 수 있지만 점차 연구의 지평이 확대되면서 직립시대에 이르고 있습니다. 현생인류의 경우 '아이를 운반하거나 씻기고 먹이고 놀아주는 데' 남성의 적극적인 활동을 확인할 수 있고 그 보상으로 '짝짓기와 일부일처제'를 얻었다면, 직립 전후 시기에도 비슷한 추론이 적용될 수 있습니다.

이 분야의 최근 연구에 따르면 고인류는 사냥을 통해서 에너지 소비를 늘렸고 몸도 키워갔습니다. 이 과정에서 출산과 육아에 다른 영장류와 마찬가지로 많은 에너지를 소모했을 것입니다. 그리고 매우 힘든 일이 아닐 수 없는 것이 지금이나 그때나 육아입니다. 아버지 쪽의 참여 없이는 육아는 사실상 불가능했을 것입니다. 고인류가 살던 자연조건에서는 더욱 그러했을 것입니다.

한 아이를 키우는 데도 많은 노력과 에너지가 소모될 수밖에 없었습니다. 그러나 아버지 쪽에서 적극적으로 협조한다면 어머니 쪽에서는 에너지를 비축하여 다시 아이를 가질 수 있습니다. 이와 같은 방식으로 우리의 고인류에서도 남다른 남녀 간 협력이 나타났다고 볼 수 있습니다. 남녀 간 최고의 협력을 이룩함으로써 다른 영장류에 비해 아이를 더 많이 낳고 키울 수 있게 되었고 지능도 한층 좋아질 수 있었을 것입니다.

직립과
인간

지금까지 과학자들의 주장을 통해서 직립 이후 인간 몸의 변화를 살펴보았습니다. 이 밖에도 할 이야기가 많지만 지면 관계상 다음을 기대해봅니다. 마지막으로 우리가 두 발로 서게 되면서 일어난 변화를 여러분에게 제대로 설명하였는지 의문이 듭니다. 직립 이후 신체상의 변화에 대해 설명하는 것도 중요하지만 정신적 변화에 대해서는 거의 제대로 된 설명을 하지 못했다는 안타까움이 있습니다. 인간은 서게 되면서 정신적으로 하나의 독립적 자아와 주체라는 자각을 가질 수 있었을 것입니다.

한편으로 모든 일을 함께하면 더 좋은 결과를 만들 수 있다는 것을 깨우쳤을 것입니다. 이런 정신에서의 위대한 승리가 결국 사냥, 육아 등 모든 면에서 협력으로 나아갈 수 있게 했을 것이고 다양한 위험과 환경을 극복했을 것입니다. 특히 남녀 간 협력의 필요성을 성취함으로써 다른 동물들과는 달리 유달리 사랑으로 가득한 유대관계를 만들 수 있었으니 이도 정신의 힘이었을 것입니다. 그래서 아이들을 많이 키울 수 있었고 세상의 중심이 되었을 것입니다. 현재도 고인류가 살던 때와 마찬가지로 남녀의 협력이 절실하다는 생각이 듭니다.

〈참고문헌〉
김종화, "지금은 사라진 나의 꼬리뼈?", 《아시아경제》, 2020.3.25.
이정모, "발뼈가 52개가 되는 까닭은?", 《한국일보》, 2020.9.1.
이한용, "발가락도 귀하다", 《서울신문》, 2020.9.23.
루이스 다트넬, 이충호 옮김, 『오리진』, 흐름출판, 2020.
마들렌 뵈메 외, 나유신 옮김, 『역사에 질문하는 뼈 한 조각』, 글항아리사이언스, 2021.
사라시나 이사오, 이경덕 옮김, 『절멸의 인류사』, 부키, 2020.
웬다 트레바탄, 박한선 옮김, 『여성의 진화』, 에이도스, 2017.
호세 미야스 외, 남진희 옮김, 『루시의 발자국』, 틈새책방, 2021.

제3장

우리는 서로
연결되어 있다

글쓴이_ **이정모**

연세대학교와 같은 대학원에서 생화학을 공부하고 독일 본 대학교에서 유기화학을 연구했지만 박사는 아니다. 안양대학교 교양학부 교수와 서대문자연사박물관, 서울시립과학관, 국립과천과학관 관장을 지냈다. 현재 펭귄각종과학관이라는 이름의 집필실에서 대중을 위한 과학서적을 집필하고 과학강연과 방송활동을 하고 있다. 『과학이 가르쳐 준 것들』 『저도 과학은 어렵습니다만』 『과학관으로 온 엉뚱한 질문들』 『과학책은 처음입니다만』 『달력과 권력』 『공생 멸종 진화』 등을 썼다.

낮설게 하기를 통해
탄생한 현대의 진화 이론

인문학이라는 말이 여전히 유행입니다. 평생 이과로 살아온 나는 인문학이 뭔지 배워보지 못해 여전히 그 정체를 잘 모르겠습니다. 이럴 때는 나보다 더 똑똑한 사람들의 말을 틀어쥐고 고민해보는 게 상책입니다.

철학자 강신주는 "인문학이란 주어진 현실과 인간의 삶을 비판적으로 성찰하면서 인간의 자유와 행복을 꿈꾸는 학문"이라고 합니다. 뭐, 행복이 거저 얻어지나요! 실패를 반복하는 투쟁의 산물일 터! 그렇다면 스스로 성찰하고 노력하여 직면한 위기를 돌파하는 수단이 인문학이고, 인문학의 목표는 위기를 정면으로 돌파하는 것일 겁니다.

자, 그렇다면 위기를 어떻게 돌파할 것인가요? 잘 모릅니다. 나만 모르는 게 아니라 모두 모릅니다. 그 답이 있으면 세상이 이모양 이 꼴이겠나요. 하지만 한 가지는 분명합니다. 일단 위기와 맞서야 합니다. 이것은 로또에 당첨되기 위해서는 먼저 로또를 사야 하는 것만큼이나 당연한 이야기입니다. 위기의 원인은 대체로 나에게 있습니다. 위기를 돌파하려면 자신의 맨얼굴로 자신의 세계와 직면해야 합니다. 그게 솔직함이요 당당함입니다.

문제는 맨얼굴의 나와 어떻게 대면하느냐 하는 것. 20세기 독일 철학자 하이데거는 인문적 사유는 "오직 기대하지 않았던 시간과 조우할 때만 발생하는 것"이라고 했습니다. 바꿔 말하면 '낯선 것'과의 대면입니다. "친숙함이 사라지고 낯섦이 찾아오는 바로 그 순간이 우리의 생각이 깨어나 활동하기 시작하는 시점"이라는 것입니다. 여기로부터 소련의 문학이론가 빅토르 시클롭스키의 '낯설게 하기'라는 개념이 출발합니다. 친숙하고 일상적인 사물이나 관념을 낯설게 하여 새로운 느낌이 들도록 표현하자는 것입니다.

낯설게 하기는 쉬운 일이 아닙니다. 깊은 사유가 필요합니다. 하지만 상대적으로 쉬운 곳이 있습니다. 바로 낯선 곳입니다. 낯선 곳에 가면 낯선 풍경 속에서 저절로 낯선 자신을 보게 됩니다. 낯선 자신은 남들이 보는 자신입니다. 즉 객관화된 자신입니다. 객관화된 자신으로는 풍경을 자신의 선입견이 아닌 있는 그대로 보게 됩니다. 이것이 바로 여행, 모험, 탐험의 미덕이며, 이때 떠오르는 게 바로 '통찰'입니다. 현대의 진화 이론도 낯설게 하기를 통해 탄생하였으며 그 과정은 바로 탐험이었습니다.

그리 오래되지 않은
옛날이야기

"아마존 강과 정글, 아메리카 남단의 파타고니아, 인도네시아와 뉴기니의 열대우림, 아프리카의 대초원, 남극과 북극, 아프리카 중부와 아시아 대륙 내부의 사막, 그리고 태즈메이니아와 마다가스카르처럼 큰 바다에 널려 있는 크고 작은 섬들은 불과 얼마 전까지만 해도 미지의 세계였다."

이렇게 이야기하면 우리는 불편합니다. 왜? 거기에는 이미 사람들이 살고 있었기 때문입니다. 그곳은 유럽인들에게나 미지의 세계였지 원주민들에게는 이미 익숙한 장소였던 것입니다. 이 점이 중요합니다. 익숙한 세계 속에서 원주민들이 보지 못한 깃들을 미지의 세계로 들어간 유럽인들은 볼 수 있었습니다. 만약에 위에 언급한 세계에 살던 사람들이 유럽이라는 곳을 탐험하였다면 그들도 마찬가지로 새로운 통찰을 얻을 수 있었겠지만 그들에게는 기회가 없었습니다. 기회는 지중해 연안을 세계로 알고 있던 유럽인들에게 주어졌습니다.

유럽인 가운데 극히 일부 몇 사람이 자신의 꿈을 좇아 머나먼 땅을 여행했습니다. 그들은 야생의 세계를 보고, 희귀한 동식물을 수집했으며, 이미 멸종한 동물과 인류의 화석을 발견했습니다. 처음부터 위대한 업적을 꿈꾸며 떠난 여행은 아니었습니다. 모두 다 전문적인 교육과 훈련을 받은 것도 아니었습니다. 하지만 그들은 자연을 탐구하고자 하는 열정에 사로잡혀 있었으며, 용기를 내고 목숨을 걸었습니다. 변화는 낯선 현장에서 일어났습니다. 단순한 수집가였던 모험가들이 경이로운 존재를 보고 자극을 받자 단숨에 과학자로 변하였습니다.

수집가가 단숨에 과학자로 변하는 게 말이 되냐고요? 됩니다. 과학이란 무엇일까요? 과학이란 지식이 아닙니다. 과학이란 태도입니다. 수집가들은 자연에 대한 근본적인 질문을 던졌습니다. 대학과 교회와 궁정에 갇혀 있던 자연신학자들과 달리 이들은 어떤 특정 생명체가 어떻게 그리고 왜 존재하게 되었는지 끊임없이 물으면서 탐구했습니다. 그리고 낡았지만 견고한 세계관을 바꿔놓을 혁명에 불을 지폈습니다.

태초에 훔볼트가
있었다

진화 과학자들은 '진화' 이야기를 꼭 찰스 다윈(1809~1882)의 『종의 기원』으로 시작하려는 못된 버릇이 있습니다. 『종의 기원』은 1859년에 발간되었으니 이미 157년 전의 책입니다. 꽤나 고리타분할 것 같지만 『종의 기원』은 여전히 유효합니다. 이 점이 바로 찰스 다윈의 위대함입니다. 세상을 바꾼 과학책으로는 몇 가지가 더 있습니다. 코페르니쿠스의 『천체의 회전에 대하어』, 갈릴레오의 『새로운 두 우주체계의 대화』, 뉴턴의 『프린키피아』가 그것입니다. 그런데 요즘 이 책을 읽는 사람이 있나요? 없습니다. 역사적으로 중요한 책이지만 오류가 많으며 요즘은 더 좋은 책이 있습니다. 하지만 『종의 기원』은 여전히 읽어야 할 책입니다.

다윈이 마주친 문제는 '의문 중의 의문'이요 '생물학 궁극의 문제'라고 하는 생명의 기원입니다. 그리고 이 의문에 대해 다윈이 비로소 의문을 제기한 것은 탐험을 통해서입니다. 그런데 다윈의 탐험이 하늘에서 뚝 떨어진 것이 아닙니다. 다윈에게는 선구자가 있었습니다. 바로 알렉산더 폰 훔볼트(1769~1859)입니다.

훔볼트는 다윈보다 30년 앞서 남아메리카를 탐험했습니다. 그의 나이 스물아홉 살 때 일입니다. 1799년부터 1804년까지 5년 2개월에 이르는 파격적인 여행이었습니다. 그는 모든 곳을 직접 걸어 들어갔으며 전기뱀장어를 직접 만져서 500볼트나 되는 충격을 경험하고 고무나무에서 분비되는 액체와 원주민이 사냥에 사용하는 독을 직접 먹어보았습니다. 이 과정에서 훔볼트는 여러 차례 목숨을 잃을 뻔합니다. 그 모든 목격과 경험을 직접 세밀하게 기록하여 『신대륙 적도 지역 여행기』(23권), 『남아메리카 여행기』(7권), 『코스모스』, 『등온 곡선 만들기』 등 자그마치 30권이 넘는 방대한 보고서를 남겼습니다.

등온선, 자기 적도, 생명망, 숲의 수분 보유와 냉각 효과, 기후대. 이 모든 것들이 훔볼트가 만든 말입니다. 그런데 왜 그의 이름이 낯설까요? 그 이유는 다른 위대한 인물들과 비교하면 쉽게 드러납니다.

코페르니쿠스는 지구가 우주의 어디쯤에 있는지 밝혔습니다. 뉴턴은 우리에게 작용하는 만유인력이라는 힘을 밝혔습니다. 토머스 제퍼슨은 자유와 민주주의가 무엇인지 알려주었습니다. 이들은 모두 우리와 세계의 관계를 보여주었습니다. 하지만 훔볼트는 자연 자체에 대한 개념을 제공했습니다. 등온선이나 한대지방, 온대지방, 열대지방 같은 기후대를 알려주었습니다. 너무나 자명한 것들입니다. 그래서 우리는 훔볼트를 잊었습니다.

그렇습니다. 훔볼트는 우리에게 너무나 당연하고 중요한 것들을 알려주었지만 새로운 세계관을 제시하지는 못했습니다. 그렇다면 그는 그저 그런 인물에 불과할까요? 아닙니다. 그가 없었다면 현대는 존재하지 못했을 수 있고 아마 수십, 수백 년 늦게 시작했을 것입니다. 그의 탐험은 후세의 자연학자들에게 영감을 불어넣었으며 그들이 밟게 될 길을 미리 닦아주었습니다. 훔볼트는 모든 자연학자의 아버지라고 할 수 있습니다. 찰스 다윈도 훔볼트의 자식 가운데 하나입니다.

다윈, 다윈, 다윈

1820년대 영국 케임브리지대학에는 식물학자 헨슬로와 지질학자 세즈윅의 지도를 받고 있는 1809년생의 풋내기 대학생 찰스 다윈이라는 신학생이 있었습니다. 다윈은 신학보다는 자연학에 더 관심이 많았으며 총 7권 3,754쪽에 이르는 훔볼트의 여행기 『남아메리카 여행기』를 여러 번 독파했습니다. 이 여행기 1권은 찰스 라이엘의『지질학의 원리』제1권과 함께 비글호 항해 때 다윈이 지참한 몇 권 안 되는 책 가운데 하나가 되었습니다.

다윈은 스물두 살에 비글호 항해를 떠났습니다. 비글호는 길이 27미터, 너비 7미터의 작은 배입니다. 선실은 단 두 개뿐이었는데 하나는 피츠로이 선장이 썼고 항해도를 펼쳐놓고 볼 커다란 탁자가 있는 다른 방을 키가 180센티미터가 넘는 찰스 다윈은 19세의 장교 한 명, 14세의 사관생도 한 명과 함께 써야 했습니다. 좁은 방보다 힘들었던 것은 뱃멀미였습니다. 다윈은 5년에 걸친 항해가 끝나도록 뱃멀미에서 헤어나지 못했습니다.

비글호가 남아메리카 대서양 연안을 항해하는 동안 뱃멀미가 심한 다윈은 육지로 이동했습니다. 그 과정에서 커다란 머리뼈 화석과 메가테리움(거대한 땅나무늘보)의 턱뼈와 이빨 화석을 발견하였습니다.

티에라델푸에고를 돌아 태평양 연안을 따라 올라가다가 칠레 본토에 닿은 후 다윈은 해발 400미터 지점에 조개껍데기가 잔뜩 깔린 현장을 발견합니다. 그리고 안데스 산맥에서는 해발 4,000미터 지점에서 조개 화석을 발견합니다. 도대체 어떻게 이렇게 높은 곳에 조개껍데기가 있을 수 있다는 말인가요! (단층이나 습곡이나 융기 같은 말을 학교에서 전혀 배울 수 없던 시절임을 잊지 말아야 합니다.) 해수면이 아래로 내려간 것인가, 아니면 섬이 위로 솟은 것인가? 그는 이 질문을 몇 년에 걸쳐서 계속합니다. 결국 다윈은 땅이 물에 잠기고 솟아오른다는 사실을 확인하였습니다. 이제 그의 머리는 지질학으로 가득 채워졌습니다. 하지만 의문만 있고 답은 아직 없었습니다.

1835년 9월 15일 찰스 다윈은 갈라파고스 제도에 도착합니다. 그는 손에 잡히는 모든 동물과 식물을 채집했습니다. 갈라파고스의 생물이 남아메리카의 그것과 같은 것인지 아니면 갈라파고스 고유의 것인지 다윈은 궁금했습니다. 갈라파고스 제도의 섬마다 풍금조(핀치)의 모습이 많이 달라 보였습니다. 그는 이 차이를 분석할 능력이 없었습니다. 하지만 이 작은 차이가 쌓이면 결국 저 흉내지빠귀들은 서로 다른 종(種)으로 분리되지 않을까 하는 의문을 품었습니다. 그렇다면 종은 고정된 것이 아니라는 말이 됩니다. 아리스토텔레스부터 훔볼트에 이르는 세계관에 의심을 품기 시작한 것입니다.

찰스 다윈은 비글호 항해를 마치고 귀국할 때까지 아직 다윈주의자가 아니었습니다. 단지 그는 탐험 과정에서 지난 세계관에 무수한 의심을 품었을 뿐입니다.

월리스와
자연선택

진화이론의 핵심은 '자연선택'입니다. 자연선택이라는 개념과 그것을 증명하는 증거를 수집하는 데는 세 번의 항해와 세 사람의 영국인 자연학자의 탐험이 결정적인 역할을 했습니다. 그 가운데 한 명은 최고의 교육을 받았지만 자연선택에 대한 아무런 생각이 없었고 유복했던 찰스 다윈이며, 다른 두 사람은 독학의 아마추어였지만 자연선택을 이미 염두에 두고 있었고 경제적인 이유로 희귀한 표본을 팔아서 탐험 비용을 벌어야 했던 앨프리드 러셀 월리스(1823~1913)와 헨리 월터 베이츠(1825~1892)입니다. 탐험을 떠날 당시 다윈은 스물둘, 월리스는 스물다섯, 베이츠는 스물셋이었습니다.

노동자 계급이던 월리스는 진귀한 표본을 찾기 위해 가능하면 다른 사람이 닿지 않은 곳을 찾아야 했습니다. 아마존에서 베이츠와 헤어진 월리스는 말레이 제도로 갔습니다. 이 섬들은 동서가 6,400킬로미터, 남북이 2,000킬로미터에 달하는 거의 남아메리카 대륙과 맞먹는 크기였습니다. 열대우림으로 덮인 이 섬들은 모두 비슷해 보였지만 서로 다른 생명의 창고였습니다. 자연선택을 생각하는 월리스에게는 최적의 장소였습니다.

월리스는 금색 비단나비를 채집했습니다. 수집가들에게 높은 가격으로 팔 수 있는 커다랗고 아름다운 나비입니다. 그런데 섬마다 나비의 색깔과 모습이 조금씩 달랐습니다. 월리스는 창조론으로는 이러한 변이를 설명할 수 없다는 생각을 강하게 품었습니다. 자신이 찾은 종의 다양성과 각 종의 개체 간 차이, 그리고 그것을 찾은 장소에 많은 관심을 보였습니다. 단순히 돈을 벌기 위해 나비를 채집하는 자세가 아니었습니다. 비단나비의 채집은 월리스가 표본판매상에서 과학자로 변신하는 기폭제가 되었습니다.

태도만 바뀐 게 아니었습니다. 그는 홈볼트와 다윈처럼 기록했습니다. 짧은 탐험기뿐만 아니라 진화의 법칙에 대한 놀라운 생각을 품은 글도 있습니다. 그는 이미 지질학에서는 '변화하는 지구'를, 화석에서는 '생명의 명백한 변화'라는 개념을 받아들이고 있었습니다. 1855년 보르네오에 체류하던 월리스는 종들이 마치 가지가 많은 나무처럼 연결되어 있다고 생각했습니다. (다윈이 1838년부터 품던 생각입니다.) 월리스는 오래된 나뭇가지에서 새로운 잔가지가 생겨나듯 새로운 종이 오래된 종에서 나온다고 생각했습니다.

월리스는 8년 동안 96회 탐험하면서 총 2만 2,500킬로미터를 이동했습니다. 대부분 섬에서 시간을 보냈습니다. 그런데 같은 제도 안에서 채 30킬로미터가 안 되는 해협을 사이에 두고 다른 새들이 살았습니다. 서부의 뉴기니에는 원숭이, 호랑이, 오랑우탄이 있지만 동부의 아루 섬에는 영장류와 육식 포유류는 하나도 없고 캥거루 같은 유대류뿐입니다.

왜 같은 기후의 땅에 전혀 다른 생명들이 살까요? 월리스의 대답은 하나였습니다. 다른 어떤 규칙이 종들의 분포를 통제하고 있다는 것입니다. 뉴기니와 아루는 지금은 가까이 있지만 지질학적으로는 이웃이 된 지 얼마 안 된 사이라고 결론 내렸습니다. 월리스는 생물지리학의 창시자로 여겨집니다. (현대의 대표적인 생물지리학자로는 『총 균 쇠』를 쓴 재러드 다이아몬드를 들 수 있습니다.)

월리스와 다윈의 공통점은 맬서스의 『인구론』을 읽었다는 것입니다. 그리고 다윈과 월리스 모두 인구론의 영향을 받아 '자연선택'이라는 진화의 메커니즘을 착안했습니다. 그리고 널리 알려진 대로 월리스가 다윈에게 편지를 보냄으로써 마침내 1859년 『종의 기원』이 세상에 나올 수 있었습니다.

찰스 다윈에게는 『종의 기원』을 펴낸 후에도 큰 고민이 남아 있었습니다. 고생대의 시작점에서 갑자기 단단한 외골격을 가진 화석이 발견되기 시작하느냐는 것이었습니다. 대략 5억 4100만 년 전 캄브리아기 시작점입니다. 그때 무슨 일이 있었기에 다양한 생명의 화석이 갑자기 발견되기 시작하는 것일까요? 과연 생명은 대폭발을 한 것일까요?

월컷의 버제스
셰일 화석 발견

지질시대는 고생대, 중생대, 신생대로 나뉩니다. 고생대는 5억 4100만 년 전 캄브리아기로 시작됩니다. 이게 생명의 시작점입니다. 그런데 화석 사냥꾼 출신의 스미스소니언의 지질학자 찰스 둘리틀 월컷(1850~1909)은 『종의 기원』이 출판된 지 20년이 지난 1879년 그랜드캐니언의 가파른 협곡을 탐사하면서 높이가 4킬로미터나 되는 캄브리아기 이전, 즉 선(先)캄브리아기의 지층을 발견했습니다. 그리고 여기서 오늘날 '스트로마톨라이트'라고 부르는 30억 년 전 유기체의 흔적을 발견했습니다. 이로써 생명의 역사가 고생대 캄브리아기 시작점인 5억 4100만 년보다 훨씬 길다는 게 증명된 셈입니다.

　　캐나다 로키 산맥에서 여름휴가를 보내던 월컷은 1909년 8월 31일 그의 아내와 열세 살의 아들을 데리고 버제스 고개의 캄브리아기 지층에서 화석을 수집하다가 상태가 좋은 갑각류와 해면동물 화석을 발견했습니다. 그는 여기에 뭔가 놀라운 것이 숨어 있다고 직감했습니다. 그래서 다음 해인 1910년 여름에도 아내와 두 아들을 데리고 버제스 고개를 샅샅이 뒤진 끝에 두께 2미터, 길이 60미터의 셰일 암맥을 찾아냈습니다. 그들은 (여름휴가!)

30일 동안 셰일을 쪼고 부수며 숨은 화석을 찾았습니다.

버제스 셰일에는 다른 캄브리아기 지층에서 발견할 수 없는 괴상한 절지동물 화석들이 많았습니다. 사람들의 주목을 끈 최고의 스타는 채 20개가 발견되지 않은 오파비니아 화석입니다. 오파비니아는 머리 앞쪽에 5개의 눈이 두 줄로 배열되어 있고 길고 유연한 주둥이가 있으며 주둥이 끝에는 먹이를 잡을 수 있는 가시가 달렸습니다.

하지만 무엇보다 버제스 화석에서 중요한 발견은 껍질이나 단단한 외부 골격 없이 연한 몸체만 있는 동물들이 잘 보존되었다는 사실입니다. 버제스 셰일에서 발견된 125속 가운데 80퍼센트 이상이 말랑말랑한 연질부로만 이루어져 있습니다. 이것은 캄브리아기 초기에 단단한 외골격을 가진 생물들이 폭발적으로 출연한 것이 갑작스런 사건이 아님을 말해줍니다. 삼엽충처럼 단단하고 커다란 생병체가 등장하기 이전에도 연하고 작은 생명체가 얼마든지 있었음을 말해주는 것입니다.

이로써 캄브리아기에 난데없이 생명이 대폭발한 것이 아니라는 사실이 증명되었으며, 다윈이 죽을 때까지 안고 갔던 고민이 해결되었습니다. 진화는 자연선택에 의해 오랜 시간에 걸쳐 서서히 점진적으로 일어난 것입니다.

다리 달린 물고기를
찾은 닐 슈빈

진화란 멸종의 역사입니다. 멸종으로 생태계에 틈새(niche)가 생기면 새로운 생명이 등장하여 그 자리를 차지합니다.

육상이라는 새로운 터전이 생겼을 때 바다에 살던 척추동물이 육상으로 올라오는 과정을 우리는 상상할 수 있습니다. 먼저 민물로 옮겨갔을 것입니다. 그러다가 민물과 육상을 오가며 양쪽에서 살았을 것입니다. 그 후 슬며시 육상으로 삶의 터전을 완전히 바꾸고 말았을 것입니다. 실제로 3억 8500만 년 전 지구 암석에는 평범한 물고기 화석들이 흔히 나옵니다. 3억 6500만 년 된 그린란드 암석에서는 목, 귀, 네 다리가 있는 양서류 아칸토스테가 화석이 나옵니다.

이 이야기가 완성되려면 어류와 양서류의 중간 형태가 있어야 합니다. 그렇다면 어디에서 그 중간 형태를 찾을 것인가요? 간단합니다. 3억 8500만 년 전과 3억 6500만 년 전의 중간 시대, 그러니까 대략 3억 7500만 년 전의 지층에서 우리가 알지 못하는 미지의 생명체를 찾아내야 합니다. 낯선 곳으로 떠나야 합니다. 낯선 곳이라고 반드시 성공한다는 보장은 없습니다. 이때 필요한 것은 단 두 가지. 끈기와 운입니다.

시카고대학의 해부학 교수인 닐 슈빈(1960~)은 약 3억 7500만 년 전 데본기 암석에서 중간 화석을 찾을 수 있다고 생각했습니다. 마침 북극의 엘스미어 섬에서 여기에 딱 맞는 노두(지표에 드러난 암석이나 광맥)를 찾았습니다. 그의 연구팀은 북극 지방에서 악전고투 끝에 살덩어리 같은 엽상형(葉狀形, 이파리 모양) 지느러미가 있는 물고기 화석을 찾았습니다. 이 이상한 물고기는 크기가 큰 것은 274센티미터에 달했습니다. 닐 슈빈은 이 물고기에 틱타알릭이라는 이름을 붙였습니다. 에스키모 말로 '얕은 물에 사는 물고기'라는 뜻입니다. 틱타알릭에는 물고기처럼 아가미와 비늘이 있지만, 목과 원시 형태의 팔이 달려 있었습니다.

어류와 양서류의 중간 단계가 발견되면서 비록 아직 어류가 양서류로 옮겨가는 과정이 모두 해명된 것은 아니지만 어류에서 양서류로 진화했다는 가설은 이론이 되었습니다. 3억 7500만 년 전 틱타알릭이 등장한 후 아칸토스테가와 익티오스테가가 그 뒤를 이어 발견되었습니다.

익티오스테가는 잘 발달된 발을 가지고 있지만 물고기처럼 꼬리도 달려 있습니다. 그렇다면 익티오스테가는 발 달린 물고기일까요, 아니면 물고기를 닮은 양서류일까요? 익티오스테가는 발이 있어도 물속에 잠겨 부력의 도움을 받지 않으면 몸을 지탱할 수 없었습니다. 육상에서는 살 수 없다는 뜻입니다. 익티오스테가는 양서류라기보다는 발 달린 물고기였습니다. 설사 익티오스테가가 육상으로 진출했고 아가미를 잃었다고 해도, 현재의 많은 물고기처럼 공기를 꿀떡꿀떡 마시거나 피부를 통해 산소를 흡수하는 식으로 호흡했을 것입니다.

익티오스테가가 발생한 시대는 데본기 말기로 대기 산소가 적었습니다. 즉 멸종이 일어났던 시절입니다. 다시 말하지만 진화는 그렇게 일어납니다. 생존 조건이 나쁠 때는 생물 종의 수는 줄지만 이때 새로운 몸의 설계가 일어납니다. 산소가 적은 시기는 진화에 적기였습니다.

양서류의 조상일 가능성이 익티오스테가보다 더 큰 동물은 페르페데스입니다. 페르페데스 역시 물에 살던 사지동물입니다. 페르페데스처럼 물에 살던 사지동물에 허파가 생기기 전에 필요한 준비 과정은 복잡했습니다. 부력이 있는 물을 벗어나 공기 중에서 무거운 몸을 지탱하기 위해서는 필연적으로 손목, 발목, 등뼈 그리고 어깨띠와 골반이 변해야 했습니다. 이 모든 과정을 마쳐야 비로소 최초의 양서류라고 수 있습니다.

허파의 자리를 만들기 위해 등뼈와 흉곽이 변해야 했으며 원시적인 허파를 완성하려면 복잡하고 표면적이 넓은 주머니가 필요습니다. 그리고 그 주머니 내부 표면 전체에 혈관이 분포되어야 합니다. 동시에 순환계에도 변화가 일어나서 이곳으로 피를

효율적으로 보낼 수 있어야 합니다. 이렇듯 물에서 뭍으로 올라오는 과정은 생명의 내부 구조를 전체적으로 바꿔야 하는 험난한 과정이었습니다. 이 과정은 무수히 나누어서 진행되었습니다. 그걸 말해주듯이 물고기에서 양서류로 전이하는 중간화석이 이미 5종이나 발견되었습니다.

틱타알릭은 어류의 이야기를 들려주는 데 그치지 않습니다. 틱타알릭은 우리 몸에도 남아 있습니다. 틱타알릭 이전의 모든 물고기가 두개골과 어깨가 일련의 뼈로 연결되어 있어서 몸통을 돌리면 목도 함께 돌아갔습니다. 그러나 틱타알릭의 머리는 어깨와 떨어져 자유롭게 움직였습니다. 틱타알릭이 작은 뼈 몇 개를 잃은 덕분입니다. 양서류, 파충류, 조류, 포유류 그리고 사람이 공유하는 특징이기도 합니다.

인체 골격의 모든 부분에서 나타나는 속성이 틱타알릭을 거쳐 물고기까지 거슬러 올라갑니다. 여기에는 팔다리와 목 같은 해부학적 특징뿐만 아니라 후각, 시각, 청각 같은 감각까지 포함됩니다. 이걸 두고 닐 슈빈은 틱타알릭을 '내 안의 물고기(Your Inner Fish)'라고 표현했습니다.

모든 것과 연결된
우리를 찾아서

지금까지 언급한 몇 가지 탐험 외에도 우리에게는 공룡 발굴 탐험, 고인류 화석 탐험, 그리고 대멸종의 흔적을 찾는 현대 실험실에서의 탐험도 있습니다. 이런 모든 탐험을 통해 작은 미생물에서 우리 인류가 발생하는 과정을 살펴볼 수 있습니다.

모든 탐험이 말해주는 것은 하나입니다. 우리 인류는 수많은 생물 가운데 단 하나의 종일 뿐이라는 사실입니다. 우리 몸에 있는 모든 기관의 근원은 물고기 안에 다 있습니다. 다만 지금 지구를 실효적으로 지배하는 것도 분명한 사실입니다.

인류는 그 어떤 동물보다 과감한 탐험을 하였습니다. 10만 년 전 아프리카를 벗어난 호모사피엔스는 단 5만 년 만에 이전에 살던 다른 모든 인류를 제거하였으며, 9만 년 만에 지구 전체 대륙에 진출하였습니다. 그리고 단 1종에 불과한 호모사피엔스는 1만 2,000종이 넘는 개미와 같은 생물량을 차지하고 있습니다. 아무리 생각해도 인류는 위대한 생명입니다.

그런데 문제가 있습니다. 이 위대한 생명이 더 이상 지속되기 어려운 지경에 이르렀다는 것입니다. 1950년 무렵부터 여섯 번째 대멸종이 시작되었습니다. 그간 다섯 번의 내멸종에서 최고

포식자가 살아남지 못했듯이 현재 최고 포식자인 인류는 아마도 이번 대멸종에서 살아남지 못할 것입니다. 우리는 인류의 탐험을 조금이라도 지속할 수 있는 방법을 고민해야 합니다. 그러기 위해서 새로운 탐험을 해야 합니다. 우리를 낯설게 봐야 하기 때문입니다. 모든 것과 연결된 우리를 찾아야 합니다. 탐험을 떠납시다. 지금 당장.

제4장

무지의 혁명과
과학혁명

글쓴이_ **이권우**

도서평론가. 충남 서산에서 태어나 자라다 초등학교 들어가면서 고향을 떠났다. 책만 죽어라 읽어보려고 경희대 국문과에 들어갔다. 4학년 때도 대학도서관에서 책만 읽다 졸업하고 갈 데 없어 잠시 실업자 생활을 했다. 주로 책과 관련한 일을 하며 입에 풀칠하다 서평전문잡지 《출판저널》 편집장을 끝으로 직장생활을 정리했다. 본디 직함은 남이 붙여줘야 하거늘, 스스로 도서평론가라 칭하며 글 쓰고 강의하는 재미로 살고 있다.

지은 책으로 『어느 게으름뱅이의 책읽기』『각주와 이크의 책읽기』『책과 더불어 배우며 살아가다』『죽도록 책만 읽는』『책읽기의 달인, 호모부커스』『살아 보니, 진화』(공저), 『살아 보니, 시간』(공저), 『살아 보니, 지능』(공저) 등이 있다.

유발 하라리의
『사피엔스』

입때껏 널리 읽히는 책으로 유발 하라리의 『사피엔스』가 있습니다. 장대한 인류 역사를 세 가지 열쇳말로 요령껏 정리해낸 빼어난 책입니다. 지은이는 인지혁명, 농업혁명, 과학혁명이라는 열쇳말로 짜인 그물을 던져 인류의 어제와 오늘 그리고 내일이라는 대어를 낚아냈지요. 개인적으로 근대를 특징짓는 열쇳말인 과학혁명 편이 가장 흥미로웠습니다. 아무래도 오늘 인류의 삶과 가장 밀접한 관련이 있는 대목이라서 그러했을 겁니다.

지은이의 말대로 "지난 500년간 인간의 힘은 경이적으로, 유례없이 커졌"습니다. 어느 정도이길래 이리 호들갑을 떨었을까 싶지만, 지은이가 든 사례를 살펴보면 고개를 주억거리게 됩니다. 1500년에 호모사피엔스는 대략 5억 명이었는데, 오늘은 70억 명 남짓 되었습니다. 1500년에 호모사피엔스가 생산한 재화와 용역의 총가치는 오늘의 가치로 치면 2,500억 달러 정도였는데, 오늘날에는 60조 달러에 가깝다고 합니다.

이런 비약적인 발전이 가능했던 것은 지난 5세기 동안 과학연구에 자원을 투자해 엄청난 힘을 얻었기 때문입니다. 그래서 이 기간을 일러 과학혁명의 시대라고 하는 겁니다. 지은이는 혁명이라는 말을 붙인 이유도 설명합니다. 1500년 전까지 인류는 "새로운 의학적, 군사적, 경제적 힘을 얻을 수 있는지 의심"했습니다. 대신 사제와 철학자, 시인에게 경제지원을 해서 "자신의 지배를 정당화하고 사회질서를 유지하기를 기대"했을 뿐이지요. 그러나가 과학연구에 투자하면 자신의 능력이 늘어난다는 사실을 깨달았습니다. 지은이는 묻습니다. "왜 현대 인류는 자신에게 연구를 통해 새로운 힘을 획득할 능력이 있다고 믿게 되었을까"라고 말입니다.

지은이는 스스로 던진 이 질문에 답변하는 과정을 바탕으로 과학혁명을 흥미롭게 설명합니다. 그런데 내가 주목한 구절이 있습니다. "현대 과학은 과거의 모든 전통 지식과 다음 세 가지 점에서 결정적으로 다르다"는 겁니다. 이 대목을 제대로 이해하면 1500년을 기점으로 인류사가 나뉘게 된 이유를 짐작하게 되겠지요. 지은이가 말한 세 가지 사항을 살펴봅시다.

첫 번째는 무지를 기꺼이 이해하기이고, 두 번째는 관찰과 수학이 중심적 위치를 차지한 것이고, 세 번째는 새 힘의 획득입니다. 세 번째는 무슨 말인지 금세 알 겁니다. 과학자가 원리를 파악하면 빠른 속도로 새로운 기술이 개발되는 현상을 일컫지요. 오랫동안 '과학과 기술'이라는 말을 써왔습니다. '과'라는 말에는 과학적 원리가 기술로 바뀌는 데 오랜 세월이 걸렸다는 속뜻이 담겨 있다고도 말할 수 있어요. 그런데 요즘에는 과학기술이라 합니다. 이론이 곧바로 기술이 되는 상황을 상징하지요. 두 번째는 어떤 절대자의 섭리로 우주가 운영된다는 사고를 깨고 객관적 현상을 관찰하고 그 결과를 모아 수학적 공식으로 포괄적 이론을 만들어낸다는 뜻입니다.

우리는 모른다,
이그노라무스

문제는 첫 번째입니다. 이 놀라운 과학 발전을 일으킨 원동력의 맨 앞자리에 '모르는 바는 솔직히 인정했다'는 정신이 놓여 있다니까 말입니다. '우리는 모른다'를 라틴어로 '이그노라무스(ignoramus)'라 한다는군요. 이 정신은 우리가 모든 것을 알지는 못한다고 가정한다는 겁니다. 그리고 우리가 안다고 생각하는 것이 더 다양한 지식을 얻게 되면 틀릴 수도 있다는 점을 인정하는 정신이기도 하지요. 그리고 나서 지은이는 인상 깊은 설명을 덧붙였으니, "어떤 개념이나 아이디어, 이론도 신성하지 않으며 도전을 벗어난 대상이 아니"랍니다.

쿤의 『과학혁명의 구조』를 읽지 않았더라도 무슨 말을 하는지 알 수 있을 터입니다. 천동설과 지동설의 대결을 떠올려봅시다. 천동설은 지구가 우주의 중심이라고 확고하게 믿고, 지구를 중심으로 뭇별이 돌고 있다고 본 개념이잖아요. 모든 서양 학문의 출발지라는 아리스토텔레스가 주장했고, 프톨레마이오스가 체계화했다고 하지요. 눈으로 보면 태양이 움직이잖아요. 그리고 지구가 돈다는 느낌도 없고요. 거기다가 교계가 천동설을 지지한지라 확고한 진리로 받아들여졌지요. 이 주장에 이의를 제기하고 새로운 학설을 내세우기 어려운 상황이었습니다.

하지만 인간 지성은 용감했습니다. 당당하게 천동설에 맞서는 새로운 이론을 내세운 과학자가 등장하지요. 잘 알다시피 코페르니쿠스가 천문 관측자료와 기하학적 원리를 바탕으로 지구가 자전축을 중심으로 태양 주위를 공전한다는 지동설을 주장합니다. 갈릴레오는 망원경을 직접 제작해서 하늘을 관찰했다지요. 이 과정에서 목성의 위성을 발견하고 금성의 위상변화 과정을 관찰했습니다. 지동설을 뒷받침하는 중요한 과학적 발견이었습니다. 여기서 놓치지 말아야 할 점이 있습니다. 만약 관찰 결과가 천동설과 일치하지 않았는데도 우리는 이미 다 알고 있기에 새로운 현상은 한낱 예외에 불과하거나 기존의 이론으로 얼마든지 설명될 수 있다고 생각했다면, 지동설은 지지를 얻지 못했을 겁니다.

이 과정에서 과학자는 수난을 겪어야 했습니다. 지동설 내용을 담은 코페르니쿠스의 책은 금서가 되었고, 지동설을 전파한 브루노는 화형당했으며 갈릴레오는 코페르니쿠스의 견해를 지지하지 않을 것이며, 말이나 글로 그것을 가르치지도 않겠다고 서약까지 했다고 합니다. 만약 도전이 여기서 멈추었다면 우리는 여전히 중세적 가치관에서 벗어나지 못했을 겁니다. 어떤 억압과 탄압이 있더라도 객관적 진실을 찾으려 했고, 그 결과를 공유하려 했습니다. 과거의 과학적 진실이 새로운 과학적 진실로 대체되는 것을 일러 과학혁명이라 하지요. 천동설에서 지동설로 패러다임이 바뀌는 거야말로 가장 대표적인 과학혁명이었고, 그 원동력이 바로 이그노라무스의 정신이라는 점을 알 수 있습니다.

유발 하라리는 "아메리카 대륙의 발견은 과학혁명의 기초가 되는 사건이었다"라고 말합니다. 신대륙의 발견과 과학혁명이 도대체 무슨 연관이 있는 걸까요? 오랫동안 유럽에서 관찰하고 탐구해서 얻은 지식의 틀로 신대륙을 지배하려 했지만, 녹록지 않았습니다. 당연하겠지요. 유럽과 아메리카 대륙은 자연환경은 물론이고 문화와 역사가 전혀 달랐으니까요. 그제야 비로소 깨달은 셈이지요. "과거의 전통보다 지금의 관찰 결과를 더 선호"해야 한다는 점을 말입니다. 더욱이 이 대륙을 정복하고 지배하겠다는 강한 욕망은 새로운 지식을 찾도록 유럽인을 부추겼다고 합니다. "신대륙의 지리, 기후, 식물상, 동물상, 언어, 문화, 역사에 대해서 막대한 양의 새로운 정보를 수집"했다고 하지요. 여기서도 다시 무지의 혁명을 발견하게 됩니다. "중요한 것들 가운데 아직도 모르는 것이 있다고 인정"했고, 마침내 유럽인이 아메리카를 지배하게 됩니다.

플라톤의
『소크라테스의 변명』

『사피엔스』의 과학혁명 편을 읽다가 불현듯 떠오른 책이 있습니다. 플라톤이 쓴 『소크라테스의 변명』입니다. 이 책은 소크라테스가 말년에 받은 재판을 생생하게 그려냈습니다. 서양철학의 아버지라 할 소크라테스가 왜 재판을 받게 되었을까요? 그는 "젊은 이들을 타락시키고, 나라가 인정하는 신을 인정하는 대신 다른 새로운 신을 믿음으로써 불법을 저지르고 있다"는 죄목으로 고발 당했습니다. 물론 소크라테스를 반대하는 세력의 음해였지요. 이 재판에서 소크라테스는 자신을 변론하는데, 주옥같은 말이 수두 룩하게 나옵니다. 그 가운데 이그노라무스에 해당하는 내용이 있 습니다.

어느 날 친구가 델피 신전에 가서 신탁을 받은 적이 있답니 다. 친구는 신에게 소크라테스보다 더 현명한 사람이 있느냐고 물 었다네요. 그러자 없다는 답변이 나왔답니다. 친구가 신나서 소크 라테스에게 이 신탁을 들려주었지요. 함께 기뻐할 줄 알았던 소크 라테스는 뜻밖의 반응을 보입니다. 나 자신이 조금도 현명하지 않 다는 점을 잘 아는데, 도대체 신께서 왜 그런 말씀을 하셨을까 고 민합니다. 신이 거짓말할 리 없지요. 그러니 딜레마입니다. 나는 분명히 현명하지 않은데, 신은 현명하다고 했으니까요. 철학하는 사람으로서 이 딜레마를 그냥 둘 수는 없겠지요. 지혜롭기로 소문 난 사람을 찾아가 대화를 나누어보기로 했습니다. 어디에선가 참 말로 현명한 이가 있다면 신탁이 잘못되었다고 확신할 수 있을 테 니까요.

소크라테스는 먼저 정치가를 만납니다. 그이와 대화를 나누다가 소크라테스는 깨달았습니다. 정치가가 무척 현명해 보이는데다 스스로 현명하다고 여기고 있지만, 전혀 그렇지 않다는 사실을 말입니다. 예나 지금이나 정치가는 허언과 식언을 남발하기는 마찬가지인 모양입니다. 혼자 알고 말았으면 되는데 소크라테스는 그러지 않았던 모양입니다. 그 사람이 사실은 현명하지 않다는 점을 알게 하려고 애썼다고 해요. 그래서 결국에는 정치가의 미움을 받게 되었다고 실토합니다. (소크라테스를 재판에 넘긴 세력이 누군지 짐작할 수 있겠지요?) 다음에는 시인을 만났습니다. 그 시인의 가장 빼어난 작품을 골라 무엇을 뜻하는지 물었답니다. 하지만 놀랍게도 그 시인보다 그 자리에 있던 다른 사람이 시를 더 잘 설명하더랍니다. 더 큰 실망도 하게 되었는데, 사실은 전혀 모르면서도 세상만사 모두를 가장 잘 아는 듯 뻐기더라는군요. 끝으로 시쳇말로 하면 유형문화재에 해당하는 장인을 만났답니다. 오랜 세월 몸으로 기술을 익힌 분이라 그런지 현명한 부분이 많았다며 칭찬합니다. 하지만 장인도 시인과 비슷하게 오만했습니다. 기술이 좋다고 뻐기는 마음에 다른 일을 두고도 자신이 가장 잘 안다고 여기더랍니다.

두루 현명하다고 알려진 무리를 만나고 나서 소크라테스는 이런저런 고민을 하다가 중요한 사실을 깨달았습니다. 놀랍게도 자신이 가장 현명하더라는 겁니다. 아까는 아니라고 생각해 현명한 무리를 만나서 대화까지 했잖아요. 어째서 이런 일이 일어났을까요. 장인이나 시인처럼 세상만사를 두루 다 알아서 스스로 현명하다고 판단한 거는 아닙니다. 뭇 사람은 안다고 뻐기고 잘난 척하지만 자신은 모른다는 걸 알고 있더라는 겁니다. 그러니까 "알지 못하기에 안다고 생각하지 않"기 때문에 현명하다는 겁니다. 이제 소크라테스는 딜레마에서 벗어납니다. 먼저 자신의 판단이 맞습니다. 모르기 때문에 현명하지 않습니다. 그런데 신탁도 맞습니다. 모른다는 사실을 알기 때문에 가장 현명합니다.

널리 알려진 무지의 지를 말하는 대목입니다. 모른다는 것을 인정한다는 말은 무슨 뜻일까요? 나는 모르니 책임 없다라는 식으로 쓰는 말은 아니겠지요? 다들 안다고 설레발치더라도 나는 더 비판적인 검토를 끝내기 전까지는 아직 다 모른다고 해야 옳다는, 지금 알고 있는 바가 언젠가는 틀렸다고 판정날 수도 있다는 점을 인정하는 태도가 바로 철학하는 삶이라는 뜻이겠지요. 이를 다시 유발 하라리 식으로 말하면 우리가 모든 것을 알지는 못한다고 가정한다는 뜻이며, 안다고 생각하는 것이 더 다양한 지식을 얻게 되면 틀릴 수도 있다는 점을 인정하는 정신이며, 어떤 이론도 신성하지 않으며 도전을 벗어난 대상이 아니라는 뜻입니다. 소크라테스 이전에는 자연철학자의 시대였습니다. 소크라테스부터 더불어 살아가는 공동체의 미덕이 무엇인지 고민하는 철학이 시작합니다. 인간 지성의 발전도 바로 이그노라무스의 정신에서 비롯한 것입니다.

　흥미로운 사실이 있습니다. 서양에 소크라테스가 있다면 동양에는 공자가 있습니다. 실제로 두 사람은 비슷한 시기에 아테네와 노나라에서 살았고, 동서양 철학사의 맨 앞자리에 놓인 위대한 인물이지요. 공자의 어록을 모아놓은 『논어』를 보면 "아는 것을 안다고 하고, 모르는 것을 모른다고 하는 것, 이것이 아는 것이다"라는 구절이 나옵니다. 동서양의 차이를 넘어서서 사유의 혁명은 바로 모르는 것을 인정하는 데서 출발한다는 점을 알 수 있습니다.

이그노라무스의
정신을 위하여

디지털 시대가 되면서 언제 어디서나 정보와 교양 그리고 지식을 손쉽게 얻을 수 있습니다. 유튜브가 이런 상황을 더 부채질한 듯합니다. 필요한 사항을 검색해보면 정말 놀라울 정도로 많은 영상이 모여 있습니다. 거기다 인터넷 강의까지 합치면 그야말로 엄청난 양의 학습자료가 쌓여 있는 셈입니다. 그러다 보니 누구나 다 안다고 여깁니다. 그런데 한번 물어봅시다. '과연 제대로 아는가'라고 말입니다. 인터넷이나 SNS에는 가짜 뉴스가 넘쳐납니다. 대체로 어떤 이익을 얻으려고 일부러 왜곡, 날조하고 특히 기성 언론에서 보도한 것인 양 꾸미는 것을 가짜 뉴스라고 합니다. 정말 나쁜 짓이지만 버젓이 일어나서 사회를 혼란하게 합니다. 그러니 우리가 어떤 정보나 교양을 접했을 적에 질문하고 탐구하고 비판하는 정신없이 무조건 받아들이면 어떤 일이 벌어질까요? 특히 가짜 뉴스를 바탕으로 앎을 구성한 다음, 그 주제를 잘 안다고 믿는다면 또 어떤 일이 벌어질까요?

이용자의 기호와 취향에 맞춰 콘텐츠를 추천하는 방식을 일러 '추천 알고리즘'이라 합니다. 내가 즐겨 보는 콘텐츠의 주제나 소재를 파악해 비슷한 콘텐츠를 자동으로 추천해주지요. 정말 정보의 바다에 갇혀 무엇을 보아야 하나 모를 적에 내 취향이나 기호에 맞게 무언가를 추천해주면 여러모로 편합니다. 하지만 위험한 면이 있습니다. 결국 보고 싶은 것만 본다는 말인데, 이는 제한되고 걸러진 정보만 수용한다는 뜻이 됩니다. 그러면 어떤 일이 벌어질지 뻔합니다. 고정관념과 편견이 강해지겠지요. 다른 관점, 다른 생각을 존중하지 않습니다. 지금 내가 아는 것만이 객관적 진실이라고 여기기에 십상입니다. 이른바 확증편향증이 공고

해지는 겁니다. 실제로 그런 탓에 차별과 혐오의 분위기가 더 강해졌다는, 그래서 민주주의를 위협한다는 경고의 목소리가 자주 들립니다.

사유혁명도 과학혁명도 기존의 지식이 틀릴 수 있다고, 아직 제대로 알지 못한다고, 더 탐구해보아야 한다는 걸 인정할 때 비로소 가능했습니다. 오늘 다시 인류에게는 이그노라무스의 정신이 요구되고 있습니다. 확증편향증이 일으킨 혐오와 차별 그리고 대립과 갈등의 세계에서 이해와 배려 그리고 환대와 포용의 세계로 전환해야 하기 때문입니다. 그 전환을 가능케 하는 결정적인 힘이 이그노라무스의 정신입니다. 안다고 설레발치면 우리는 퇴보합니다. 모른다고 외치는 것이야말로 진정한 혁명의 출발점이라는 점을 늘 기억하기 바랍니다.

제5장

코페르니쿠스
혁명

글쓴이_ **송상용**(1937~2024)

한림대 명예교수. 서울에서 태어나 서울대 화학과와 철학과, 인디애나대 과학사·과학철학과를 졸업했다. 성균관대, 한림대에서 교수를 지냈고, 케임브리지대, 베를린공대, 주오대에서 객원연구원으로 활동했다. 한국과학사학회, 한국과학철학회 회장을 역임했으며, 한양대 석좌교수로 있으면서 한국과학기술한림원 종신회원, 아시아생명윤리학회 부회장 등을 겸임했다. 한국과학저술인협회 저술상(1987), 대한민국과학기술상 진흥상(1997) 등을 수상했으며 지은 책으로 『교양과학사』 『서양과학의 흐름』 『한국과학기술30년사』 등이 있다.

코페르니쿠스의
영향

코페르니쿠스(1473~1543)의 영향은 천문학에만 그친 것이 아닙니다. 중세의 우주관과 그것에 바탕을 둔 사고방식은 밑동부터 스스로는 대수롭지 않게 생각하고 한 일이 뜻밖에 엄청난 결과를 낸 경우를 역사에서 가끔 볼 수 있습니다. 과학혁명의 테이프를 끊은 코페르니쿠스가 그 좋은 보기입니다. 그의 새로운 우주체계는 과학혁명의 불씨가 되었지만, 본의는 천문학의 조그만 개혁을 넘어서는 것이 아니었습니다. 만일 그가 150년 뒤의 무서운 변화를 보았다면 공포에 질려 몸을 떨었을 것입니다.

1400년 동안 잘 내려온 프톨레마이오스(90~168)의 지구 중심 우주 체계가 새삼스럽게 문제가 된 데는 두 가지 이유가 있었습니다. 첫째, 프톨레마이오스 체계를 토대로 해서 만든 역은 1년의 길이가 일정하지 않아 크게 불편했습니다. 둘째, 프톨레마이오스의 지구중심설은 많은 결함을 지니고 있었는데 당시의 전문 학자들이 이를 해결하기 위해 제멋대로 고쳐 우주 체계가 걷잡을 수 없이 복잡해졌습니다.

　　코페르니쿠스는 이탈리아에 유학했을 때 마침 붐이 일어난 신플라톤주의의 영향을 받아 우주가 단순하며 수학적 조화를 이루고 있다고 확신하고 있었습니다. 철저한 플라톤주의자인 그의 눈에 비친 프톨레마이오스 체계는 괴물 바로 그것이었습니다. 도대체 신이 만든 우주가 이렇게 복잡할 리 없다는 것이었습니다. 그래서 좋은 대안이 없을까 궁리한 끝에 옛날 책들을 뒤지게 되었습니다. 그는 플루타르코스와 키케로의 책에서 여러 사람이 일찍이 태양을 중심으로 한 우주를 생각했다는 사실을 발견하고 놀랐습니다. 이 엉성한 아이디어를 기초로 코페르니쿠스는 지구중심설에 맞설 수 있는 우주 체계를 꾸미기 시작했습니다. 그것은 오랫동안 이어진 힘든 작업이었습니다. 그는 새 우주 체계 위에서 행성의 위치가 어떻게 결정되는가를 수학적으로 풀어갔습니다.

　　드디어 태양 중심 우주 체계가 완성되었습니다. 30대에 착수

했던 코페르니쿠스는 어느덧 예순에 가까워 있었습니다. 그러나 그는 원고를 넣어두고 가끔 꺼내 고칠 뿐, 세상에 알리려 하지 않았습니다. 그가 발표를 꺼린 것은 가톨릭교회가 그를 박해할지도 모른다는 두려움 때문이었다고 많은 사람들이 믿고 있습니다.

그러나 실은 교황의 비서가 그의 체계에 대해 이야기했고, 어떤 추기경은 그에게 출판을 권하기까지 했습니다. 그는 세상의 비웃음을 겁냈던 것입니다. 누구나 지구가 우주의 중심이라고 믿고 있는데 홀로 지구가 움직인다고 주장하면 미친놈이라는 말을 듣기에 꼭 알맞았기 때문입니다.

그러나 코페르니쿠스는 그의 학설을 간추린 원고 「코멘타리올루스(Commentariolus)」를 천문학자들에게 회람시켰으므로 학계에서는 새 우주설을 대충 알고 있었습니다. 1537년 봄 젊은 독일의 천문학자 레티쿠스가 코페르니쿠스를 찾아왔습니다. 그는 프롬보르크에 두 달 남짓 머무르면서 코페르니쿠스의 체계를 면밀히 검토한 끝에 열렬한 지지자가 되었습니다. 레티쿠스는 자진해서 코페르니쿠스의 체계를 프톨레마이오스의 그것과 비교한 요약을 쓰는 한편, 코페르니쿠스에게 묵혀둔 원고를 출판하자고 졸랐습니다. 끈질긴 압력에 못 이겨 마침내 코페르니쿠스가 원고를 넘겨주었습니다. 그런데 원고는 다시 레티쿠스로부터 루터파 목사 오지안더의 손으로 넘어가, 숱한 곡절 끝에 1543년 뉘른베

르크에서 햇빛을 보았습니다.

오지안더는 코페르니쿠스의 양해도 얻지 않고 서문을 써 넣었는데, 코페르니쿠스의 이론은 사실을 적은 것이 아니라 계산상 편의를 위한 가설에 지나지 않는다고 했습니다. 그리고 이 책에는 교황 바오로 3세에게 바친다는 헌사가 있습니다. 이렇게 해서 출판된 책이 코페르니쿠스에게 도착했을 때 그는 죽어가고 있었다고 합니다.

프톨레마이오스는 복잡한 수학 이론을 써서 행성들을 따로따로 다루었습니다. 이에 비해 코페르니쿠스는 행성 이론들의 공통점을 알았고 이것을 하나의 체계로 만들었습니다. 예컨대 프톨레마이오스 체계에서 거리는 모두 상대적이었는데, 코페르니쿠스 체계에서는 태양과 지구의 공통요소에 관련되고, 따라서 행성들은 서로 관계를 갖게 되었습니다.

그러나 코페르니쿠스는 몇 가지 점에서 비판을 받고 있습니다. 그는 프톨레마이오스를 따라 행성의 불규칙한 운동을 여러 원의 결합에 의해 설명하려고 했습니다. 물론 프톨레마이오스가 쓴 원의 수를 일부 줄였으나, 다른 데서 오히려 늘어난 경우도 있습니다. 그뿐만 아니라 코페르니쿠스는 지구와 태양의 몫을 바꾼 것 말고는 아리스토텔레스의 물리학과 프톨레마이오스의 수학을 그대로 썼습니다. 또한 그는 모든 천체가 원운동을 한다는 플라톤 이래의 원칙에 집착했고, 우주가 천체들이 붙어 있는 투명한 수정구들로 겹겹이 둘러싸였다는 것을 의심해본 적이 없습니다. 더욱이 그는 원운동에 매달렸습니다. 따라서 코페르니쿠스는 보수주의자로 불릴 만합니다.

지구는 우주의 중심이고, 인간은 그 위에 사는 가장 존엄한 존재였는데, 이제 인간은 여러 행성 가운데서도 비교적 작은 별에 거꾸로 매달려 돌아가는 존재임이 드러났습니다. 인간은 우주 안에서의 자신의 위치를 다시 생각해야 했으며 부질없는 꿈에서 깨어나야 했습니다. 이렇게 해서 중세 체제는 차츰 깨어지고 근대로 넘어오게 되었으니 코페르니쿠스야말로 이 변화의 첫 신호를 올린 사람이었습니다. 코페르니쿠스의 우주 체계는 상식에 대한 반발이었습니다. 그것이 애초에 목표로 했던 단순성이나 정확성에 있어서는 별로 나아진 게 없었습니다. 코페르니쿠스 체계의 우월성은 사실상이라기보다는 개념적인 것입니다. 그러기에 쿤은 코페르니쿠스가 최초의 근대 천문학자인 동시에 마지막 프톨레마이오스 천문학자였다고 주장합니다. 이는 부인하기 어렵지만 지구와 태양이 서로 바뀌었다는 사실 하나가 굉장한 의미를 갖는다는 점을 보여줍니다. 그것은 천문학을 완전히 뒤엎는 결과를 가져왔습니다. 다시 말하면 『천구의 회전에 관하여』 자체는 그다지 혁명적인 책이 아니었으나 천문학 혁명을 유발했습니다. 그리고 혁명은 티코 브라헤, 케플러, 갈릴레오, 뉴턴에 의해 이루어졌습니다. 이것이 받아들여지는 데는 1세기 이상이 걸렸습니다.

티코
체계

코페르니쿠스의 새 우주 체계는 그가 죽고 50년이 지나는 동안 거의 지지자를 얻지 못했습니다. 오랜 정적을 깨뜨리고 나타난 거인이 티코 브라헤(1546~1601)였습니다. 귀족의 아들로 태어난 티코는 막대한 유산과 왕의 도움을 받아 벤(Hveen) 섬에 '하늘의 도시(Uraniborg)'를 세우고 근대적 관측천문학을 발전시켰습니다. 티코는 천문학사상 다시 볼 수 없는 관측의 천재로 망원경도 없이 얻은 그의 관측값은 오늘날의 값과 거의 일치합니다.

티코는 코페르니쿠스 체계의 수학적 간결성에 호감을 가졌지만 그것이 물리학적으로 불합리하고 『성서』와 맞지 않는다고 여겨 거부했습니다. 그렇다고 그가 프톨레마이오스에 만족한 것도 아닙니다. 그래서 그는 스스로 제3의 체계를 만들었습니다. 티코 체계에 따르면 행성들은 태양의 주위를 돌고 다시 태양은 행성들을 거느리고 지구의 주위를 돕니다. 그것은 전반은 코페르니쿠스, 후반은 프톨레마이오스에서 딴 절충 체계였습니다. 이 체계는 과학적으로는 가치가 없으나 지구중심설에는 불만이면서도 태양중심설을 받아들일 용기는 없던 당시의 천문학자들에게 반가운 대안이 되었습니다. 그 결과 티코 체계는 프톨레마이오스에서 코페르니쿠스로 넘어가는 징검다리 구실을 함으로써 천문학 혁명에 이바지했습니다.

갈릴레오의
재판

근대과학을 낳는 데 가장 중요한 몫을 한 갈릴레오(1564~1642)는 우연히 망원경을 만든 것을 계기로 천문학에 끼어들었습니다. 망원경에 의한 천체관측은 200년 동안 끄떡없던 아리스토텔레스의 우주론이 틀렸음을 보여주었습니다. 1609년 달의 정체가 밝혀지고 목성의 위성들이 발견되자 대중의 열광은 극에 이르렀으며 갈릴레오는 일약 유명해졌습니다.

교회는 갈릴레오의 발견을 크게 환영했습니다. 그는 로마에 불려가 교황 바오로 5세의 환대를 받고 성대한 축하 행사에 참석했습니다. 예수회 소속 천문학자들도 갈릴레오를 찬양했습니다.

유일한 반대 세력은 대학에 자리 잡은 소수의 아리스토텔레스주의자들이었습니다. 갈릴레오가 옹호한 코페르니쿠스 체계에 대한 최초의 공격은 평신도와 하급 성직자들에게서 나왔습니다.

지구가 돈다는 것이 『성서』에 부합하지 않는다는 이의가 제기되었습니다. 『성서』에 지구가 움직이지 않는다는 말은 없습니다. 반면 태양의 움직임을 강하게 암시하는 구절들이 구약 곳곳에 있습니다. 갈릴레오는 신경질적인 반응을 보였습니다. 이렇게 해서 쓴 책이 『크리스티나 공작부인에게 보내는 편지』입니다.

이 책은 코페르니쿠스 체계에 대한 신학적 반대를 침묵시키기 위한 것이었으나 그 효과는 정반대로 나타나 코페르니쿠스의 금지와 갈릴레오의 몰락을 가져왔습니다. 갈릴레오는 태양중심설을 가설이라고 했으나 건방지게도 『성서』는 글자 그대로가 아니라 비유적으로 해석되어야 한다고 주장했습니다. "성령은 하늘나라에 가는 방법을 가르칠 뿐, 하늘이 어떻게 가는가는 말해주지 않는다"고 재치 있는 얘기를 하기도 했습니다.

이 책에 자극을 받은 몇몇 성직자들이 갈릴레오를 고발했습니다. 교황청에서는 가톨릭 교의에 크게 어긋남이 없다는 이유로 이를 기각했습니다. 그러나 이것이 교회에 경각심을 불러일으켜 갈릴레오의 혐의가 풀린 지 석 달 만에 코페르니쿠스의 책은 금서목록에 오릅니다. 1600년 브루노를 불태워 죽이기로 결정한 종교재판에서 9명 심판관 중 한 명인 벨라르미노 추기경은 코페르니쿠스 체계를 인정할 수 없다는 태도를 밝히고 갈릴레오를 후퇴시키려 합니다.

갈릴레오는 이미 이성을 잃었습니다. 로마에 가서 교황과 담판을 하겠다고 날뛰었습니다. 친구들이 말리는 것을 뿌리치고 로마에 간 그는 곳곳에서 싸움을 걸어 많은 적을 새로 만들었습니다. 그는 만나 주지 않는 교황에게 간접적으로 뜻을 전했습니다. 교황은 갈릴레오가 포기하도록 설득하라고 지시했으나 말을 안 듣자 벨라르미노와 의논해 갈릴레오의 견해를 이단으로 규정했습니다.

며칠 뒤 교령이 나왔습니다. 코페르니쿠스의 책은 금서가 되었고 갈릴레오의 저서들은 무사했습니다. 여기에 태양중심체계가 이단이란 말은 없었습니다. 갈릴레오는 코페르니쿠스의 견해를 지지하지 않을 것이며 글이나 말로 그것을 가르치지 않겠다고 서약했습니다. 일종의 근신 처분을 받은 셈입니다. 그때가 1616년 3월 5일이었습니다. 5년 동안 갈릴레오의 거동에 주목하면서 은밀히 보고를 받아온 교회가 마침내 행동을 취한 것입니다.

실의에 빠진 갈릴레오는 7년 동안 아무것도 쓰지 않았습니다. 1623년 교황이 죽고 바르베리니 추기경이 새 교황에 선출되었습니다. 갈릴레오는 뛸 듯이 기뻤습니다. 바르베리니 추기경인 우르바누스 8세는 각별한 사이였기 때문입니다. 그는 로마에 올라가 교황의 취임을 축하하고 코페르니쿠스 체계를 선전합니다. "교회는 이 체계를 규탄한 일이 없다. 그것은 이단이 아니라 다만 경솔했을 뿐이다"라고 우르바누스 8세는 말하면서 갈릴레오를 격려합니다. 그러나 갈릴레오의 압력에도 불구하고 교황은 교령이 아직 유효하다고 말합니다.

갈릴레오는 우주 체계에 관한 책을 쓰기를 희망했고 교황은 그가 최종 결정을 교회의 지혜에 맡기는 식으로 어느 쪽에도 편들지 않는 이론적인 책을 쓰는 데 동의했습니다. 이렇게 해서 『두 우주 체계에 관한 대화(Dialogo dei massimi sistemi del mondo)』가 집필되었습니다. 그리고 1630년까지 4년간 탈고했습니다. 그 후 2년 동안 복잡한 검열을 거쳐 1632년에 책이 나왔습니다. 이 책은 대화편의 형식을 취하고 있습니다. 등장인물은 아리스토텔레스와 프톨레마이오스를 옹호하는 심플리치오, 갈릴레오의 대변자 살비아티, 중립을 표방하나 살비아티의 편을 드는 사그레도 세 사람입니다. 그러나 그것은 프톨레마이오스와 코페르니쿠스의 우주 체계를 공정하게 소개한 것이 결코 아닙니다. 누가 보아도 갈릴레오가 어느 편을 드는가는 분명히 알게 되어 있습니다.

책을 받아 본 우르바누스 8세는 노발대발했습니다. 그는 갈릴레오에게 속았다는 것을 깨닫습니다. 더욱이 책의 어떤 부분에서는 심플리치오가 바로 자기를 모델로 한 것이라는 오해마저 했습니다. 이 문제를 조사할 특별위원회가 조직되었습니다. 위원회는 갈릴레오가 첫째, 코페르니쿠스 체계를 가설로 다루지 않고 절대적 진리라 주장했고, 둘째, 조석을 지구의 운동 탓으로 돌렸으며, 셋째, 1616년의 교령을 무시했음을 지적하고 종교재판소에 넘겼습니다.

갈릴레오는 그해 12월에 소환되었으나 건강을 핑계로 응하지 않다가 이듬해 2월 로마교황청에 출두했습니다. 4월 12일 첫 심문이 있었습니다. 정식 심문은 사실상 한 번으로 끝났습니다. 그렇게도 자신만만하던 갈릴레오는 고문의 위협에 그만 소신을 굽히고 맙니다. 그는 1616년 이전에는 프톨레마이오스나 코페르니쿠스가 다 맞을 수 있다고 생각했는데 이후에는 프톨레마이오스의 생각, 곧 지구의 정지를 의심치 않게 되었다고 말했습니다. 나아가 그는 코페르니쿠스를 반박하는 것이 '대화'를 쓴 의도였다면서, 이를 분명히 하기 위해 한 장을 더 쓰게 해달라고 두 번이나 간청합니다.

심판관들은 갈릴레오가 거짓말한다는 것을 잘 알고 있었습니다. 그러나 그것은 문제가 아니었습니다. 교회는 갈릴레오를 죽일 생각이 아니었으므로 그의 굴복 이상을 바랄 까닭이 없었습니다. 심문은 형식에 지나지 않는 것이었습니다. 6월 16일 판결이 납니다. 무기징역이었습니다. 3년 동안 일주일에 한 번 7편의 회개하는 시편을 읽어야 한다는 것도 판결문에 포함되어 있었습니다. 취소가 조건이었기 때문에 부드러운 판결을 내린 것입니다. 그리고 그는 신앙고백문을 읽어 내려갔습니다. "나는 내가 말한 오류와 이단을 포기하며 저주하고 거부합니다."

판결과는 달리 갈릴레오는 하루도 감방에서 잔 일이 없습니다. 그는 로마에서 방이 다섯 개나 되는 아파트에 있으면서 하인을 부리고 포도주를 즐겼습니다. 뒤에 아르체트리의 농장에 있다가 피렌체의 자택에 연금되었습니다. 그러나 그는 죽은 것이나 다름없는 폐인이었습니다. 그는 오래간만에 본연의 영역으로 돌아가 혼신의 힘을 기울여 역학을 집대성하는 책을 쓰기 시작했습니다. 눈이 하나씩 멀어가는 가운데 완성된 『두 새 과학에 관한 논의와 과학적 논증(Discorsi e demonstrazioni mathematiche intorno a due nuova scienze)』의 원고는 밀수출되어 1638년 라이든에서 출판되었습니다. 갈릴레오에게 죄가 있다면 이것으로 사죄가 될 만한 불후의 명저였습니다.

당시의 상황으로 보아 갈릴레오가 법정을 나서며 "그래도 그것은 움직인다(Eppur si muove)"라고 중얼거렸다는 것은 사실일 가능성이 희박합니다. 물론 마음속으로는 신념에 변화가 없었을 것이나 그는 그런 말을 할 용기가 없었습니다. 이 말은 그의 묘비

명으로 새겨져 있는데 아마도 뒤에 누가 만들어낸 말인 것 같습니다.

이해가 전혀 가지 않는 것은 아닙니다. 갈릴레오는 70세가 다 된 병든 몸이었습니다. 더욱이 그는 독실한 가톨릭교도로서 죄를 못 벗은 채 죽으면 교회 묘지에 묻히지 못한다는 두려움이 있었습니다. 그러나 그는 막강한 권력 앞에 무릎 꿇은 허약한 지식인으로서 진리 수호의 순교자이기를 기대하는 사람들을 실망시킵니다.

갈릴레오의 재판은 케슬러의 말처럼 계몽적 이성과 맹목적 신앙의 단순한 대결만은 아닙니다. 거기에는 여러 가지 착잡한 요인이 들어 있습니다. 우선 갈릴레오와 우르바누스 8세의 성격이 충돌한 면이 강합니다. 둘 중 한 사람만이라도 다른 성격의 사람이었다면 결과는 달라졌을 수도 있습니다. 또한 갈릴레오의 처벌은 프로테스탄트에 대한 간접 경고로 볼 수 있습니다. 트렌토 종교회의는 성부들의 합의에 반대되는 『성서』 해석을 금지했으며 멋대로인 루터파의 해석을 견제할 필요가 있었습니다.

코페르니쿠스의 『천구의 회전에 관하여』가 금서 목록에 올랐던 기간은 실제로 4년밖에 안 됩니다. 그러나 그 뒤 300년 동안 아무도 감히 이 책의 출판을 생각하지 못했습니다. 그것이 비록 과학의 진보에 큰 악영향을 주지는 않았다 할지라도 문화의 풍토를 버려놓은 것은 틀림없습니다. 코페르니쿠스 체계는 곧 과학자 사회의 공인을 받게 되었고 교회도 이를 흐지부지 받아들였습니다. 1965년 교황 바오로 6세는 갈릴레오의 고향인 피사를 방문해 갈릴레오를 높이 평가하고 교회의 잘못을 시인했습니다.

『갈릴레오의 죄』를 쓴 산티야나(Giorgio de Santillana)는 갈릴레오 재판을 오펜하이머(J, Robert Oppenheimer) 사건과 비교했습니다. 제2차 세계대전 중 원자탄 개발 총책임자였던 오펜하이머는 수소폭탄 개발에 반대했는데, 간첩과 접선한 혐의를 받고 1954년 미국 원자력위원회 청문회에서 불명예스러운 처분을 받았습니다. 그는 매카시즘의 희생자입니다.

갈릴레오와 오펜하이머 모두 사회에 그 유용함이 인정되었지만 사회의 정책에 영향력을 행사하려 했을 때 문제가 생겼던 것입니다. 두 경우 다 권력층이 그들에게 사회적 불명예를 주어 다른 사람들이 그런 행동을 하지 못하도록 했습니다. 갈릴레오의 경우 교회가, 오펜하이머의 경우 국방부라 할 수 있습니다. 수소폭탄 개발 책임자 텔러가 벨라르미노에 해당하나 갈릴레오에게는 변호사가 없었습니다. 그래서 자기의 과학적 업적을 옹호할 수 없었고, 코페르니쿠스 이론에 대한 토론도 없었습니다. 오펜하이머에게는 변호사가 있었으나 보안상 이유로 그의 견해에 대한 충분한 토의가 없었습니다. 두 사람 다 반항 없이 권력에 항복

했고 죽은 뒤에야 명예가 회복되었습니다. 이런 점에서 갈릴레오의 재판은 지성의 자유를 억압하는 권력의 문제를 깊이 생각하게 합니다.

역사를 보면 과학과 종교의 싸움은 결국 전자의 승리로 끝났습니다. 현대는 갈릴레오가 살았던 17세기와 다른 양상을 보이고 있기도 합니다. 새로운 종교라고 할 수 있는 여러 독단적 이데올로기가 그리스도교를 대신해서 갈릴레오를 사냥하려 하고 있습니다. 그뿐만 아니라 러셀(Bertrand Russel)의 말처럼 과학적 기법이 과학적 기질보다 더 중요해지면서 과학 자체가 권위로 굳어지고 있는 것은 아닐까 하는 생각이 듭니다. 비판 정신을 잃은 과학은 독단적인 종교보다 더 무서운 존재가 될 것입니다. 왜냐하면 그런 과학은 세계를 일순간에 잿더미로 만들 수 있기 때문이다.

케플러의
새 천문학

케플러(1571~1630)는 독일 서남부의 마을 바일에서 술집 주인 아버지와 무당 어머니 사이에 태어났습니다. 튀빙겐대학 문학부를 졸업하고 신학을 공부하던 중에 코페르니쿠스의 새 우주 체계를 접했으나 그는 말썽꾸러기 학생이었습니다. 왕따를 당한 그는 최종 시험 직전에 그라츠의 고등학교 수학·천문학 교사로 밀려났습니다. 그곳에서 1596년 그는 태양 중심 우주 체계를 적극 옹호한 『우주의 신비』를 발표했습니다. 루터파 프로테스탄트인 그는 가톨릭 지역인 그라츠에서도 외톨이었습니다. 결국 그는 쫓겨나 1601년 프라하로 갑니다.

마침 프라하에는 관측천문학의 거장 티코가 그 전해에 왕실 천문학자로 와 있었습니다. 티코는 천문학사상 다시 볼 수 없는 관측의 귀재였으나 수학에는 뛰어나지 못하였습니다. 케플러는 수학의 천재였으나 눈도 나쁘고 관측과는 거리가 멀었습니다. 그래서 케플러는 티코의 조수가 되었습니다. 자신의 약점을 보완하기 위해 상대방을 이용하는 일종의 정략결혼이었습니다.

두 사람은 출신, 종교, 성격이 너무나 달라 만나자마자 싸우기 시작했습니다. 그러나 한 해가 가기 전에 티코가 갑자기 죽는 바람에 덴마크 흐벤의 천문대 '하늘의 도시'에서 관측한 금싸라기 같은 자료가 케플러의 손에 굴러 들어옵니다. 케플러는 이 자료를 가지고 계산해 점을 찍어갔습니다. 그것은 지구의 궤도를 그리는 일이었습니다. 그려보니 궤도는 원이 아니라 좀 일그러져 있었습니다.

케플러는 화성의 궤도 연구로 옮아갔습니다. '화성의 전투'라고 불리는 이 작업은 5년이 걸린 엄청난 일이었습니다. 로가리듬(로그)이 나오기 전이라 일일이 필산을 해야 했기 때문입니다. 화성의 궤도는 완전한 원이지만 속도는 일정하지 않다는 임시가설을 세워놓고 계산해 궤도를 그려보았습니다. 2년 만에 작업이 끝났을 때 각도로 8분의 오차가 났습니다. 그는 티코의 관측은 정확하므로 이런 큰 오차가 날 리 없다고 생각했습니다. 케플러는 눈물을 머금고 계산해놓은 것을 쓰레기통에 버렸습니다. 이제 화성의 궤도가 원이라는 가설을 버리지 않을 수 없었습니다. 달걀 꼴이 아닐까 짐작한 그는 다시 계산해보았으나 맞지 않았습니다. 이렇게 시행착오를 거듭한 끝에 한 가설에서 다른 가설로 옮겨 드디어 타원궤도라는 결론에 이르렀습니다. 1605년의 일로 이는 과학사에서 기념할 해입니다. 2000년간 내려온 원에 대한 집착이 마침내 깨진 것입니다. 이것이 행성의 궤도는 태양을 한 초점으로 삼는 타원이라는 케플러 제1법칙입니다. 제2법칙은 태양으로부터 행성까지 그려진 부채꼴이 같은 시간에 같은 넓이를 만든다는 것입니다.

프라하에 머문 11년은 케플러의 전성기였습니다. 케플러의 거작 『새 천문학(Astronomia Nova)』은 1609년에 출간되었습니다. 이 책이 400돌을 맞아 2009년 프라하에서 학회가 열렸습니다. 케플러의 두 법칙이 만들어진 블타바 강의 카렐 다리 옆 작은 아파트는 케플러 박물관으로 문을 열었습니다. 루돌프 2세가 죽은 뒤 린츠로 옮긴 케플러는 1619년에 행성의 공전주기의 제곱이 태양으로부터의 평균거리의 세제곱에 비례한다는 제3법칙이 담긴 『우주의 조화』를 발표합니다. 케플러가 몇 해 살던 집은 케플러 살롱으로 바뀌어 과학문화센터로 쓰이고 있는데, 이 집을 박물관으로 만드는 것이 케플러 팬들의 소원입니다. 히틀러가 직업학교를 다닌 린츠는 문화도시로 만드는 공사가 진행되고 있으니 머지않아 관광 명소가 될 것 같습니다. 케플러는 1630년에 밀린 월급을 받으러 갔다가 레겐스부르크에서 죽었습니다. 그곳에는 케플러 박물관이 있습니다.

제6장

우주와
우리의 삶

글쓴이_ **장익준**

과학칼럼니스트, 공간정보 서비스 기획자. 경희대학교 우주과학과와 고려사이버대학교 경영학과에서 공부했다. 인디포럼 영화제 프로그래머, 주식회사 엔빈스 지식경영실장, 연세대학교 지식정보화연구센터 연구원, 웅진씽크빅 《과학쟁이》 편집장으로 일했다. 지은 책으로 『u-City 거버넌스』 『밀리터리 잡학 노트』 『할리우드 시크릿』 『매일매일 발명 트레이닝』 『우주 탐사』 『이그너벨 박사의 과학실험 대소동』 등이 있다.

현재까지 우리가 알아낸
우주의 역사

수천 년이나 수만 년이 지난 뒤에도 지구에서 시작한 인류가 문명을 계속 이어가고 있다면 지금 우리가 살고 있는 21세기 초를 어떻게 기억할까요? 제 생각으로는 인류가 지구를 벗어나 우주로 나가기 위한 첫걸음마를 시작한 때라고 기억될 것 같습니다. 지금 우리는 이제 막 우주 개발이 민간 기업의 상품이나 서비스가 되고 사회와 문화에 영향을 주기 시작한 시대를 살고 있으니까요.

　　우주에 대한 관심은 우리의 먼 조상들이 나무에서 내려와 두 발로 걷기 시작하고 동굴에 모여 살기 시작할 때부터 인류와 함께했습니다. 낮과 밤을 구별하며 먹을 것을 찾을 때와 안전한 곳에서 쉬어야 할 때를 구분해야 했으니 해가 뜨고 지는 때를 주의 깊게 관찰했겠죠. 같은 밤이라도 달의 크기가 달라진다는 것도 알게 되었을 것입니다. 언제나 같은 자리에서 빛나는 밝은 별들을 찾아내어 먼 곳으로 떠났다가 돌아올 때 이정표로 삼았을 것입니다.

지구에 살고 있는 모든 생명체는 우주의 법칙에 영향을 받습니다. 우리가 하루를 24시간으로 삼는 것은 지구의 자전 주기에 따른 것이죠. 1년을 365일로 세는 것도 지구가 태양을 중심으로 움직이는 공전 주기에 맞춰져 있습니다. 1달을 30일 안팎으로 정한 것은 달이 지구를 중심으로 움직이는 공전 주기에서 왔습니다. 지구에 계절이 있는 것은 지구가 기울어진 자전축을 가지고 태양의 주위를 돌기 때문이며 지구의 바다에 밀물과 썰물이 있는 것은 지구와 달이 서로를 끌어당기기 때문입니다.

지구의 다른 생명체와 달리 유독 인류가 문명을 발전시킨 것은 우주의 법칙에 영향을 받는 것에서 벗어나 그것을 이해하고 이용했기 때문일 것입니다. 밤과 낮의 변화에 따라 자신에게 유리한 시간을 골라 움직이는 것은 동물들도 하는 행동입니다. 하지만 그것을 관찰해서 지구가 태양을 중심으로 돌고 있다는 것을 깨닫고 과학을 발전시키는 것은 인류만이 가능했습니다. 어떤 철

새들은 별자리를 알아보고 길을 찾는다고 합니다. 하지만 아예 인공위성을 띄워 별자리의 역할을 하게 만드는 것은 다른 동물들과 달리 인류만이 할 수 있는 일입니다.

현재까지 우리가 알아낸 우주의 역사는 약 137.7억 년에 이릅니다. 지구가 속해 있는 우리 은하는 우리가 알고 있는 우주에서는 변두리에 있는 작고 소박한 은하계에 지나지 않습니다. 이 거대한 우주에서 지구는 아주 작고 희미한 점 하나에 지나지 않지만 그럼에도 우리 인류는 엄연히 우주를 이루는 한 부분임에 분명합니다. 동굴에서 지내며 막연하게 밤하늘을 바라보던 때부터 눈에 보이지 않는 블랙홀을 찾아내는 지금까지 지구의 인류는 언제나 우주의 법칙과 함께 살아왔습니다. 그리고 이제 단지 바라보는 것에서 벗어나 우주로 나아가려 하고 있습니다.

우주 탐사의
시작

우주 탐사는 지구를 벗어나 우주로 나가 항성이나 행성과 같은 천체를 직접 살펴보는 것입니다. 우주 탐사에는 사람이 직접 우주선을 타고 나가는 방법과 무인 탐사선이나 인공위성을 보내는 방법이 있습니다. 망원경이나 안테나를 이용해서 우주를 관측하고 그 결과를 이론으로 분석하는 학문이 천문학 또는 우주과학입니다. 당연한 이야기겠지만 우주 탐사는 천문학과 깊은 관계를 맺고 있습니다. 우주 탐사에서 얻은 정보를 천문학이 분석하기도 하고 천문학이 세운 가설을 우주 탐사가 확인해주기도 합니다.

우주 탐사는 지구의 중력을 벗어나 우주로 나갈 수 있는 강력한 추진력을 가진 로켓을 만들 수 있어야만 가능합니다. 20세기 중반에 등장해서 20세기 후반에 화려하게 꽃을 피운 우주 탐사는 전쟁을 위해 만들어진 기술에서 시작되었습니다. 제2차 세계대전에서 나치 독일은 기존에 없던 특이한 로켓 무기들을 만들어 먼 거리에 있는 곳들을 공격했습니다. 순항미사일인 V1 로켓과 탄도미사일인 V2 로켓이 그 주인공입니다.

전쟁은 나치 독일의 패배로 끝났지만 나치의 신무기를 탐낸 미국과 소련은 로켓 무기들을 만들던 과학자들과 생산 시설을 자기 것으로 만들기 위한 경쟁을 벌입니다. 제2차 세계대전이 끝나고 자본주의를 대표하는 미국과 공산주의를 대표하는 소련이 대립하는 냉전시대가 이어지면서 미국과 소련은 앞다퉈 핵무기를 싣고 날아가 선제공격을 할 수 있는 크고 강력한 로켓들을 만들어냅니다. 이것이 바로 우주로 나갔다가 지구로 재진입하면서 빠른 속도로 핵무기를 떨어뜨리는 대륙간탄도미사일입니다.

우주 탐사에서 발사체로 쓰이는 거대한 로켓들은 대륙간탄도미사일과 목적과 성능이 같습니다. 실제로 우주 탐사를 위해 만들어진 로켓들은 대륙간탄도미사일을 바탕으로 만들어진 경우가 많습니다. 반대로 우주 탐사를 위해 개발한 신기술들이 기존의 대륙간탄도미사일을 개량하는 데 쓰이기도 했습니다. 미국과 소련이 경쟁적으로 무기를 만들던 시기에 우주 탐사가 시작되고 발전한 것은 결코 우연이 아닙니다.

　　1957년 소련이 최초의 인공위성인 스푸트니크 1호를 발사한 것을 시작으로 미국과 소련은 우주를 상대로 치열한 신기록 경쟁을 시작합니다. 소련은 1961년 인류 최초의 유인 우주선 보스토크 1호를 발사하는 데 성공하며 우주로 향하는 길에서 성큼 앞서 나갑니다. 미국은 인간이 지구를 벗어난 최초의 순간을 함께 기뻐하기보다는 우리의 적이 더 강한 로켓을 만들었다는 것에 불안감을 느끼고 그보다 강력한 로켓을 만드는 경쟁에 불을 붙입니다.

　　미국과 소련의 우주를 향한 경쟁은 1969년에 미국의 아폴로 11호가 달 착륙에 성공하면서 미국의 승리로 마무리됩니다. 1957년 스푸트니크 1호에서 1969년 아폴로 11호까지 불과 12년의 시간 동안 인간은 지구를 벗어나 지구 밖의 다른 천체인 달에 착륙했다가 다시 지구로 무사히 돌아오는 대단한 업적을 이뤄냅니다. 냉전시대를 살던 사람들은 언제 날아와 터질지 모르는 적국의 핵미사일을 두려워하며 살았습니다. 하지만 냉전시대의 공포와 경쟁은 동전의 양면처럼 짧은 시간 안에 폭발적으로 우주탐사 기술을 발전시킨 성과를 남겼습니다.

우주로 보낸
메시지

미국은 아폴로 계획을 통해 6차례에 걸쳐 달에 인간을 착륙시켰습니다. 하지만 1972년 아폴로 17호를 끝으로 달을 넘어서는 유인 우주선은 발사되지 않았습니다. 우주에 인간을 내보내고 다시 귀환시키는 데에는 많은 자원과 노력이 필요합니다. 소련과의 경쟁에서 앞선다는 목표를 충족했고 적국을 공격하기 위한 수준의 로켓 기술도 확보한 이상 상징적인 의미는 있지만 경제적인 이득이 없는 우주 탐사에 더 이상 돈을 쓸 수는 없었던 것입니다.

　미국과 소련이 벌인 냉전시대의 체제 경쟁에서 소련은 공산주의의 한계로 인해 경제가 침체되면서 뒤로 밀려납니다. 이제 우주 탐사는 미국과 유럽을 중심으로 무인 탐사선을 보내 태양계를 살피는 쪽으로 변화합니다. 달을 향한 도전처럼 치열한 경쟁에 따른 폭발적인 성장은 없었지만 그동안 망원경으로만 보던 행성에 직접 탐사선을 보내 카메라로 찍은 사진을 전송받아 보면서 우주에 대한 이해를 넓히게 됩니다.

1976년에는 무인 착륙선 바이킹 1호와 바이킹 2호가 화성에 착륙하는 데 성공합니다. 지구와 닮은 행성이면서 수많은 과학 소설에서 외계인들의 고향으로 그려졌던 화성에 지구의 탐사선 이 도착한 것입니다. 1977년에는 보이저 1호와 보이저 2호가 지구를 떠납니다. 보이저 1호와 보이저 2호의 목적은 태양계의 주요 행성들을 탐사하면서 최대한 멀리 날아가 태양계를 벗어나는 것입니다. 보이저 1호와 보이저 2호는 목성, 토성, 천왕성, 해왕성을 지나 현재도 태양계 바깥을 향해 나아가면서 이따금 지구로 통신을 보내오고 있습니다. 발사된 지 46여 년이 지난 보이저 1호와 보이저 2호는 지구에서 출발하여 가장 멀리까지 날아간 인간이 만든 물건입니다. 장비가 고장 나서 지구와의 통신이 끊길 수 있지만 공기가 없어 마찰력이 없는 우주 공간에서 관성에 따라 끝없이 앞으로 나아갈 것입니다.

1974년에는 미국의 자치령인 푸에르토리코에 있는 아레시보 전파 천문대에서 2500광년 떨어진 허큘리스 성단을 향해 전파 메시지를 발신했습니다. 전파 메시지에는 1에서 10까지의 숫자, 인간의 DNA, 인간의 모습, 태양계의 구조 등을 담았습니다. 전파도 빛의 속도로 움직이기 때문에 누군가 메시지를 받아 다시

답장을 준다 해도 무려 5000년이 걸리는 일이지만 어딘가에 있을 외계 문명을 기대하며 편지를 띄운 것입니다. 1977년에 발사된 보이저 1호와 보이저 2호에도 외계의 누군가가 발견할 때를 기대하면서 지구를 소개하는 사진들과 영어와 한국어를 포함해 55개 나라의 인사말을 기록한 디스크를 함께 실어 보냈습니다.

사진에 찍힌 작고
창백한 푸른 점

사람이 직접 우주선을 타고 지구를 벗어나는 유인 우주 탐사는 냉전시대 미국과 소련의 경쟁으로 발전했습니다. 지금까지 대부분의 우주비행사들은 전투기 조종사들을 중심으로 선발되었습니다. 우주라는 혹독한 환경에서 냉정한 판단력을 유지하면서 임무를 수행하기 위해서는 특별한 훈련을 마친 사람들이 필요했던 것입니다. 국가와 국가, 체제와 체제 사이의 경쟁이다 보니 국가관이 투철하고 충성심이 뛰어난 것도 중요하게 여겨졌을 것입니다.

하지만 일단 우주에 나가서 임무를 마치고 돌아온 우주비행사들은 대부분 평화주의자나 지구주의자가 되곤 했습니다. 지금은 영화나 게임을 통해 많은 사람이 우주여행을 실감나게 체험할 수 있지만 유인 우주 탐사가 시작되던 초기에는 우주에서 지구를 내려다본다는 것은 선택된 소수가 고된 훈련을 통과하고 목숨을 건 임무를 통해서만 다다를 수 있는 특별한 경험이었습니다. 끝없이 펼쳐진 우주 공간에서 푸른빛으로 빛나는 지구를 내려다보면 국경선이나 체제의 경쟁은 보이지 않습니다. 오히려 작고 아름다운 행성에서 살아가는 인류라는 공동체를 떠올리고 생명의 귀중함과 평화의 소중함을 돌아보게 됩니다.

1990년 보이저 1호는 명왕성을 지나 태양계의 끝으로 나아가기 전에 잠시 지구 쪽으로 방향을 돌려 태양계 끄트머리에서 바라본 행성들의 사진들을 찍어 보냅니다. 지구로부터 무려 61억 킬로미터 떨어진 곳에서 보내온 사진이었습니다. 과학자들은 보이저 1호가 보내온 60여 장의 사진을 하나로 합쳐 해왕성, 천왕성, 토성, 태양, 금성, 지구, 목성이 함께 찍혀 있는 '태양계 가족사진'이라는 이름으로 소개했습니다. 그리고 이 가족사진에서 지구는 아주 작고 희미한 점으로 보이기에 '창백한 푸른 점'으로 불리고 있습니다.

태양계 가족사진을 기획한 미국의 과학자 칼 세이건은 적지 않은 반대에 부딪히기도 했습니다. 탐사선의 방향을 틀어 사진을 찍으면 귀중한 에너지를 소모하기 때문이죠. 태양계를 벗어나 최대한 멀리 나간다는 본래 임무를 생각한다면 굳이 가족사진을 찍을 필요는 없었을 것입니다. 하지만 칼 세이건은 태양계 끄트머리에서 바라본 지구의 모습을 인류에게 보여주고 싶었고 그의 바람대로 이 사진은 많은 이들의 마음을 울렸습니다.

사진에 찍힌 작고 창백한 푸른 점은 거대한 우주에서는 아무것도 아닐 수 있겠지만 지구에 사는 우리에겐 고향이자 모든 것입니다. 이 작고 희미한 점 하나에는 나무에서 내려와 동굴에서 살며 불을 발견하고 문명을 발전시켜온 인류의 여정이 담겨 있습니다. 주의 깊게 찾지 않으면 잘 보이지 않는 이 작은 점 하나에서 살아가는 우리는 체제, 이념, 종교, 경제, 계급 등을 이유로 끊임없이 다투고 있습니다. 우주 탐사는 우주로 나가 새로운 것을 알아내는 과학적 사명을 주된 임무로 삼지만 때로는 우주 속에서 우리자신을 돌아보는 철학적인 생각거리들을 던져주기도 합니다.

지구 밖 자연의 확장, 우주 개발 시작

우주 개발은 인간의 이익을 위해 우주를 개발하고 이용하는 것입니다. 우주 탐사가 과학을 위한 연구이며 공익을 목적으로 한다면 우주 개발은 인간 중심의 상업적 이용을 전제로 하고 있습니다. 지금까지 인류는 나무를 베고 광물을 채취하는 것처럼 지구의 자연을 개발하고 이용해왔습니다. 우주 개발은 인간이 개발하고 이용할 수 있는 자연의 범위를 지구 밖 우주로 확장하려는 시도입니다.

21세기 초에 진행되고 있는 우주 개발은 20세기의 우주 탐사에 비해 뚜렷하게 큰 차이점을 갖고 있습니다. 20세기의 우주 탐사가 국가 주도로 이뤄졌다면 21세기의 우주 개발은 민간 기업이 주도하고 있습니다. 나라에서 예산을 편성해서 이뤄지는 공공사업은 주어진 예산을 모두 써서 과제를 마치는 것으로 매듭지어집니다. 하지만 민간 기업의 사업은 투자한 금액보다 더 많은 돈을 벌어들여 이익을 남겨야만 합니다. 현재의 우주 개발은 민간 기업의 경쟁으로 시작되고 있으며 우주 산업이라는 새로운 시장의 탄생입니다.

우주 개발에 필요한 기술들은 우주 탐사를 위해 개발된 것들을 뿌리로 하고 있습니다. 우주 개발 역시 우주 탐사 못지않게 많은 자본과 첨단 장비를 필요로 합니다. 현재 우주 개발에 나서고 있는 주요 민간 기업들 대부분이 우주 탐사를 주도했던 미국의 회사들인 것은 지나온 역사를 보면 당연한 결과일 것입니다. 미국의 민간 기업들이 우주 개발에 나서면서 과거 소련의 우주 탐사 기술을 계승한 러시아의 경쟁력은 더욱 뒤처지고 있습니다.

현재 우주 개발에서 가장 앞서는 민간 기업은 미국의 '스페이스엑스'입니다. 전기자동차 회사 '테슬라'를 이끄는 일론 머스크의 회사로도 유명하죠. 스페이스엑스가 자랑하는 기술력은 발사체를 재활용하는 것입니다. 우주로 우주선을 올려 보낸 로켓이 다시 돌아와 수직으로 착륙하거나 거대한 기계 손으로 붙잡는 장면을 동영상으로 본 분들도 많을 것입니다. 과거의 모든 로켓이 일회용이었던 것에 비해 스페이스엑스의 로켓은 재활용이 가능하므로 비용을 줄여 이익을 낼 수 있습니다. 현재 스페이스엑스는 무려 300여 차례가 넘는 로켓 발사를 성공시켰습니다.

스페이스엑스는 미국 정부와 경쟁하는 것이 아니라 공존하고 있습니다. 오히려 미국 정부가 스페이스엑스의 중요한 고객입니다. 스페이스엑스는 미국 정부를 대신해서 우주선이나 인공위성을 발사해주고 돈을 받습니다. 미국 정부는 스페이스엑스에 발사를 맡겨서 비용을 절감하고 이렇게 아낀 예산으로 달 착륙이나 목성 탐사 같은 우주 탐사 목표에 집중할 수 있습니다. 지금까지는 민간 기업의 우주 개발과 미국 정부의 우주 탐사는 서로를 돕는 좋은 관계를 유지하고 있습니다.

우주 개발에 나서는 민간 기업들은 달 여행이나 화성 정착지 같은 목표를 제시하고 있지만 저는 이것이 먼 미래를 향해 흔드는 깃발과 같다고 생각합니다. 돈을 남겨야만 움직일 수 있는 민간 기업의 특성을 생각한다면 21세기의 우주 개발은 지구를 확장하는 것에 집중할 가능성이 큽니다. 지구 주변에 인공위성이나 우주정거장을 올려놓고 이를 기반으로 다양한 사업이 이뤄질 것입니다. 로켓이 지금의 항공기나 선박을 대체하는 새로운 운송수단으로 등장할 것입니다. 우주 개발 시대에서 우주는 새로운 상품과 서비스가 경쟁하는 시장이 될 것입니다.

개발된 우주는
어떤 모습일까?

민간 기업의 우주 개발이 본격화된다면 우리의 삶에는 어떤 영향을 끼칠까요? 우주 개발의 주요 고객은 정부와 기업으로 시작하겠지만 새로운 시장을 개척해야 하는 산업의 특성을 따른다면 결국에는 평범한 시민인 우리도 우주 산업의 소비자나 노동자로 참여하게 될 것입니다. 공항에 가본 적이 있다면 알 것입니다. 커다란 여객기를 조종하는 조종사는 두 명입니다. 하지만 공항에는 짐을 나르고 장비를 점검하고 청소를 하고 음료수를 파는 수많은 이들이 일하고 있습니다. 지구에 있는 우주 공항을 출발해서 우주정거장을 다녀오는 상품이 생긴다면 우리 중 누군가는 우주로 관광을 다녀올 수 있을 것이며 또 누군가는 그곳에서 청소를 하며 돈을 벌 수도 있을 것입니다.

지구의 대기권과 우주의 경계선을 이용해서 날아다니는 로켓 비행기가 개발되고 있습니다. 공기의 저항이 없기 때문에 일반 여객기보다 최대 5배 이상 빠른 속도로 날아갈 수 있습니다. 성층권을 이용하는 로켓 비행기가 성공한다면 태평양이나 대서양을 두세 시간에 건너갈 수 있다고 합니다. 지금까지는 서울에서 미국을 가려면 비행기를 타고 열 몇 시간을 날아가야 했습니다. 하지만 우주를 이용하는 로켓 비행기를 타면 아침에 서울을 출발해 점심을 미국에서 먹고 저녁에 서울로 돌아올 수 있다는 얘기입니다.

인터넷과 스마트폰의 발달로 적어도 정보에 있어서는 많은 사람이 평등해졌습니다. 선진국에 사는 부유한 사람이나 개발도상국에 사는 가난한 사람도 새로운 소식이나 재미있는 동영상만큼은 함께 보게 되었죠. 만약 우주를 이용하는 로켓 비행기가 일상화된다면 몇 시간이면 지구 반대편으로 이동할 수 있는 사람과 그렇지 못한 사람들 사이에 새로운 격차가 생길 것입니다. 로켓 비행기가 장거리 여행객을 태우기 시작하면 기존 항공사들은 시장을 빼앗기고 큰 비행기를 없애고 작은 비행기로 가까운 곳들을 연결하는 시외버스처럼 변화될 것입니다.

로켓이 날아와 수직으로 착륙해서 화물을 내려놓고 다시 날아가는 실제 현실의 로켓 배송을 연구하는 기업도 있습니다. 로켓을 이용해서 우주로 거쳐 날아오기 때문에 비행기로는 10시간, 배로는 몇 달이 걸리던 거리를 몇 시간이면 도착할 수 있습니다. 농구경기장에서 축구경기장 크기의 공간만 있으면 착륙할 수 있으니 공항이나 부두에서 다시 화물을 이동하는 시간마저 절약할 수 있습니다. 로켓으로 화물을 옮기는 것은 무척 비싸겠지만 누군가는 기꺼이 그 비용을 지불하고 남보다 앞서 나가려 할 것입니다. 우주를 이용하는 운송수단이 성공적으로 개발된다면 공간과 시간을 절약할 수 있는 사람과 그렇지 못한 사람 사이에 넘을 수 없는 벽이 생길 것입니다.

우주에 공장을 차리고 '메이드 인 스페이스'를 추진하는 기업들도 있습니다. 지구 주변에 공장을 올려놓으면 중력의 영향을 거의 받지 않는 환경을 만들 수 있습니다. 이미 중력이 약한 상황에서 더 다양하고 순도 높은 화학물질을 합성할 수 있다는 것이 확인되었습니다. 우주에서 물건을 만들어 지구로 가져오는 데는 돈이 많이 들므로 크기는 작으면서 값비싼 의약품들이 우주 공장에서 만들어질 것으로 예상됩니다. 조금은 나쁜 상상을 한다면 아직 우주에는 지구의 법률이 영향을 주지 않기 때문에 지구에서 금지된 실험이나 제조를 우주에서 하겠다는 사람들도 나타날 것입니다.

　우주에 광고판을 만들겠다는 기업도 있습니다. 인공위성을 밀집시켜 전광판처럼 쓰자는 것이죠. 만약 밤하늘에 번쩍이는 광고판이 등장하면 어떨까요? 누구는 창의적인 광고라고 박수를 칠 것입니다. 또 누구는 밤하늘을 빼앗아간 새로운 빛 공해가 나타났다고 항의할 것입니다. 지금도 우리는 우리의 의지와 관계없이 곳곳에 걸린 수많은 광고를 봅니다. 버스나 지하철에서는 되는데 우주에서는 안 된다고 할 수 있을까요? 하지만 절대로 끌 수 없는 광고가 밤하늘에 떠 있다면 아무래도 좀 무서울 것 같네요.

우주 개발의 시대, 문제는 없을까?

민간 기업이 주도하는 우주 개발의 시대, 문제는 없을까요? 가장 먼저 떠오를 것은 독점에 따른 문제일 것입니다. 어느 산업이나 먼저 시작한 기업이나 특별한 기술을 가진 기업이 시장을 주도하는 것은 당연한 일입니다. 하지만 독점적인 지위를 이용해서 경쟁자를 물리치고 부당한 행위를 하는 것을 막기 위해 정부와 사회는 많은 노력을 하고 있습니다. 그런데 우주 개발은 다른 산업들보다 소수의 기업이 시장을 독점할 가능성이 매우 큰 분야입니다. 기술이나 자본에서 진입 장벽이 매우 높아 후발 주자들에겐 심하게 기울어진 경기장이 될 것입니다.

환경 문제도 있습니다. 이미 지구에서도 산업의 발전으로 자연이 파괴되는 경험은 충분히 해왔는데 이제 그 무대가 우주로까지 이어지는 것입니다. 지금까지 우주 탐사 과정에서 사용된 로켓의 잔해나 수명을 다한 인공위성들은 우주쓰레기가 되어 지구 주변을 맴돌고 있습니다. 우주 개발의 시대가 되어 더 많은 로켓이 발사되고 무수한 인공위성이 올라간다면 더 많은 우주쓰레기가 지구를 포위할 것입니다. 만약 사고가 발생하여 우주쓰레기들이 연쇄작용을 일으키며 더 잘게 부서져나간다면 지구에서 우주로 가는 길 자체가 우주쓰레기로 막혀버릴 수 있습니다.

법률과 제도는 어떻게 될까요? 지구에서 정한 규칙들은 어디까지나 지구 안에서만 적용할 수 있습니다. 물론 지금도 우주의 평화적 이용을 위한 협정들이 있지만 선의의 약속일 뿐 구속력을 가지지는 않습니다. 누군가 우주에 숨어 불법적인 일을 꾀할 수도 있습니다. 힘 있는 나라들이 우주로 가는 길을 가로막고 자신들의 영역을 주장할 수도 있습니다. 좀 더 극단적인 상상으로는 우주선이나 우주정거장을 힘으로 빼앗는 싸움이 벌어질 수도 있습니다. 지금도 지구의 바다에서 공해를 지나는 상선을 습격하는 해적이 있는 것처럼 말이죠.

전쟁을 위해 만들어진 기술이 우주 탐사에 이용된 것처럼 우주 개발을 위해 발전한 기술도 전쟁을 위한 무기가 될 수 있습니다. 두세 시간 만에 바다를 건너는 로켓 비행기에 승객 대신 폭탄을 싣고 날아간다면 어떨까요? 밤하늘에 떠 있는 광고판에서 항복하라고 겁을 주는 문구들이 번쩍거리는 사이에 화물을 가져오던 로켓 배송이 전투용 로봇을 싣고 올지도 모릅니다. 우주 개발의 시대에서 우주를 이용할 수 있는 나라와 그럴 능력이 없는 나라 사이에는 지금까지 인류가 겪어온 문명의 격차보다 더 크고 깊은 틈이 벌어질 것입니다.

우주 개발의 시선,
무엇이 필요할까?

영화나 소설에 등장하는 인류 멸망의 원인을 꼽자면 지구 안에서는 좀비 바이러스, 지구 밖에서는 소행성 충돌이 맨 앞자리에 있을 것입니다. 실제로 소행성이 날아와 지구와 부딪힐 확률은 얼마나 될까요? 소행성은 화성과 목성 사이에 있는 소행성대에서 출발하기 때문에 일정한 주기를 갖고 태양계를 움직이는 혜성과 달리 예측이 쉽지 않습니다. 만약 소행성이 지구를 향해 돌진한다면 갑자기 나타날 것이고 부딪힌다면 영화에서 본 그런 장면들을 직접 경험할 가능성이 큽니다. 거대한 폭발이 충격을 주고, 충격에 영향을 받아 지진과 해일이 일어나고, 먼지가 하늘을 덮어 오랜 시간 동안 지구는 어둠에 잠겨 얼어붙을 것입니다.

이런 미래에 맞서 소행성대를 감시하는 과학자들이 있습니다. 소행성대의 소행성들은 지금까지 발견한 것만 수십만 개가 넘고 크기가 작은 것들까지 따지면 수백만 개도 넘을 것이기에 소행성대를 감시한다는 것은 결코 만만한 일이 아닙니다. 비록 모든 소행성을 다 감시할 수는 없을지라도 지구에 위협이 될 만한 녀석들을 미리 찾고 감시하는 일을 꾸준히 이어가고 있습니다. 지금은 그저 감시할 뿐이지만 언젠가는 지구를 향해 날아오는 소행성의 방향을 바꿀 기술을 연구하면서 말이죠.

누군가는 아무 데나 쓰레기를 버리지만 다른 누군가는 남이 버린 쓰레기를 줍는 것처럼 우주쓰레기를 감시하는 과학자들도 있습니다. 이들은 우주쓰레기의 지도를 만들어 감시하면서 인공위성이나 우주정거장과 충돌할 위험이나 지상으로 추락하는 상황에 대해 경고를 보내주고 있습니다. 아직은 그저 수많은 우주쓰레기의 위치를 파악하고 계산하는 수준이지만 언젠가는 지구에서 대책 없이 내다 버리는 우주쓰레기들을 깨끗하게 청소하는 날을 꿈꾸면서 말입니다.

나무에서 내려와 두 발로 서기 시작한 날로부터 인간은 늘 앞으로 나아갔습니다. 지금까지 지구를 거쳐 간 수많은 동물 중에서 인간처럼 문명을 발전시킨 경우는 없습니다. 적어도 우리가 알고 있는 범위 안에서는 말이죠. 동굴에서 나와 땅을 일구고 바다와 하늘로 영역을 넓힌 인간이기에 우주로 나가는 것 역시 예정된 미래입니다. 인간은 지금까지 그래왔던 것처럼 우주라는 새로운 영역을 향해 나아갈 것이고 지구에서 그랬던 것처럼 우주에서도 쓰레기를 버리고 환경을 오염시킬지 모릅니다. 하지만 또 지구에서 누군가 그랬던 것처럼 쓰레기를 치우고 나무를 심고 아픈 동물을 돌볼 것입니다.

저는 인간의 진보와 선의를 믿고 싶습니다. 비록 우주 개발이 화려한 시장이 되고 치열한 싸움터가 되더라도 그 과정에서 우주를 경험하고 지구를 다른 각도에서 보는 사람이 늘어난다면 여러 우주비행사와 과학자가 느꼈던 것처럼 지구와 인류에 대해 새로운 생각을 갖는 사람들도 늘어날 것입니다. 밤하늘을 바라보며 우주를 경험한 사람들이 많아지고 그들이 지구로 돌아와 어떤 변화를 일으킬 것인지 떠올려봅니다. 모쪼록 다가올 우주 개발의 시대에는 버리는 사람보다는 줍는 사람이 많기를 바랍니다.

제7장

왕진 의사를 통해 보는
의학의 휴머니즘

글쓴이_ **황임경**

제주대학교 의과대학 의료인문학교실에 재직하고 있다. 서울대학교 의과대학 인문의학
교실에서 박사학위를 받았다. 의철학, 의료인문학, 서사의학 등을 연구하고 가르치고 있
다. 지은 책으로 『의료 인문학이란 무엇인가: 의학과 인문학의 경계 넘기』, 『Body Talk in
the Medical Humanities: Whose Language?』(공저), 『21세기 청소년 인문학 2』(공저), 『의
학의 전환과 근대병원의 탄생』(공저), 『내러티브 연구의 현황과 전망』(공저) 등이 있다.

왕진은 운명을 다한
구시대의 유물일까?

왕진하는 의사에 대해 들어보셨나요? 지금처럼 의료기관이 많지 않고 의사 수도 적던 1960~70년대까지만 해도 왕진하는 의사를 쉽게 찾아볼 수 있었습니다. TV에도 짙은 고동색 왕진 가방을 들고 환자의 집을 방문하는 의사가 종종 등장했지요. 사전을 찾아보면 왕진(往診)은 "의사가 자기 병원 밖의 환자가 있는 곳에 가서 진찰함"을 뜻한다고 나와 있습니다. 환자가 머무는 곳이라면 어디든 왕진이 가능했지만 대개는 환자의 집이었습니다.

일제강점기인 1930년대에는 개입 의사의 치료 건수 중 30%

정도가 왕진에 의한 것이었다고 하니 왕진이 얼마나 일반적이었는지 짐작할 수 있습니다. 이렇게 왕진이 흔하다 보니 그와 관련된 분쟁도 끊이지 않았는데요. 옛날 신문에는 의사가 돈 없는 환자의 왕진에 응하지 않아 환자가 사망했다면서 의사를 비난하는 기사가 여럿 보입니다. 어떤 의사는 자신이 직접 가지 않고 아내를 대신 보내 환자를 진료하게 했다가 환자를 사망케 하는 일까지 벌어지고 맙니다. 이런 일은 해방 후에도 계속 이어졌는지 1969년에 서울시는 '접객업소 서비스 향상을 위한 준수사항'을 마련하면서 '주·야간을 막론한 병원의 왕진 치료'를 포함시켰다고 합니다. 물론 꼭 돈 문제만은 아닐 겁니다. 1년 365일 환자의 부름에 출동해야 하는 의사들로서도 왕진은 무척이나 힘들고 스트레스를 받는 일이었을 테니까요.

이렇게 말도 많고 탈도 많던 왕진은 1970년대 중후반을 지나면서 서서히 자취를 감춥니다. 의료보험이 실시되면서 의료 접근성이 향상되고 왕진에 대한 의료 수가가 책정되지 않은 것이 큰 이유였습니다. 의료 형태가 크게 변한 것도 중요한 이유입니다. 현대 의학이 점점 전문화되고 시설과 장비에 의존하면서 조직적인 병원 중심 의료가 자리 잡고, 소박하게 의사 혼자 청진기 들고 집을 방문하는 형태로는 경쟁력이 없어진 것이지요.

이제 왕진은 운명을 다한 구시대의 유물이 되었습니다. 청진기가 그것을 분명하게 보여줍니다. 왕진 시대에 의사의 상징이던 청진기가 이제는 각종 첨단 의료기기에 밀려서 역할이 많이 축소된 상태이니까요.

그런데 최근에 왕진하는 의사의 책을 우연히 접했습니다. 양창모의 『아픔이 마중하는 세계에서』란 책입니다. 몹시 궁금했습니다. 이미 사라져버린 왕진을 하고 있다고? 도대체 왜?

왕진하는
의사

양창모 선생은 춘천 소양호 근처의 수몰 지역을 대상으로 왕진 사업을 하는 가정의학과 의사입니다. 춘천의 한 병원에서 10년 정도 일하다가 그만두고 지금은 왕진하는 의사가 되었답니다. 그가 왕진하는 의사가 된 이유는 책에서 어렵지 않게 찾을 수 있습니다. 진료실에서의 짧은 만남으로는 진료는 가능했지만 진정한 '의료'는 실현할 수 없었기 때문입니다. 그가 말하는 진정한 의료란 무엇일까요?

당뇨를 앓는 한 할머니가 있습니다. 아침 일찍 병원을 찾아와서는 빨리 봐달라고 재촉하기 일쑤고 차례가 되지도 않았는데

불쑥불쑥 진료실에 들어와서는 다른 건 필요 없으니 약이나 처방해달라고 떼를 쓰는 무례한 할머니였죠. 속된 말로 진상 환자였습니다. 이런 환자를 만나면 의사는 화도 나고 참 당황스러울 겁니다. 양창모 선생도 크게 다르지 않았죠. 그런데 어느 날 새벽시장을 거쳐 일찍 출근하다가 주차장 한구석에서 좌판을 펼쳐놓고 아침 햇살을 고스란히 받으며 쪽파를 팔고 있는 그 할머니를 만나게 됩니다. 그리고 상상을 해봅니다. 새벽부터 채소를 파는 할머니가 진료가 있는 날은 장사를 어떻게 하시는 걸까? 아마도 옆자리의 할머니에게 잠깐 봐달라고 부탁하고 허겁지겁 병원으로 달려와서는 잠깐의 진료 후에 다시 부리나케 시장으로 되돌아가셨을 겁니다. 그제야 할머니의 무례한 행동이 이해되었고 부끄러웠다고 양창모 선생은 말합니다.

또 다른 할머니의 사연도 있습니다. 할머니는 시내 병원에 5년 넘게 가지 못하고 항상 아들이 대신 약을 타 오고 있다고 합니다. 아들에게 왜 병원에 못 가시냐 물으니, 시내 병원 의사도 할머니를 모시고 오라고 얘기를 하는데 할머니가 차를 타면 멀미가 심해서 안 된다는 대답이 돌아왔습니다. 관절염도 심하고 다른 질병도 의심되어 꼭 검사를 받아야 하는 상황인데 겨우 멀미 때문에 시내에 못 간다는 얘기에 양창모 선생은 의아했습니다. 시내 병원에 꼭 방문하시라고 신신당부하며 할머니 집을 나서서 돌아오는 길, 그 길은 소양호를 옆에 낀 실타래처럼 꾸불꾸불한 길이었습니다. 의사도 결국 멀미를 하고 맙니다. 진료실 안의 시내병원 의사는 멀미 때문에 병원에 못 오시는 할머니를 이해하지 못할 겁니다. 할머니가 계속 병원에 오시지 않으면 더는 처방해줄 수 없다고 아들에게 겁을 줄지도 모르지요. 하지만 할머니의 집을 방문해본 의사는 팔순이 넘는 할머니에게 그것이 얼마나 큰 장벽인지 이해하게 되었습니다. 양창모 선생은 말합니다. 진료실 안에서의 진료는 모든 게 너무 쉽다고. 그래서 병원에 오는 그 쉬운 일이 왜 어려운지 이해를 못 한다고. 그리고 의료는 진료실에서만 이루어지는 것이 아니라 환자의 집으로 가는 길, 사는 곳을 둘러보고 가족을 만나는 일, 환자와 헤어지고 돌아오는 길 모두에서 일어난다고 힘주어 말합니다.

진료실이라는 좁은 공간에서의 짧은 만남으로는 환자의 세계를 들여다볼 수 없습니다. 진료실 안에서 환자는 질병으로 환원되어 검사와 치료의 대상이 될 뿐 고유한 삶의 맥락 속에 있는 사람으로 존재하지 않습니다. 의사 역시 재빨리 문제점을 찾아내서 처방을 내려야 하는 기능공처럼 존재합니다. 사람 대 사람으로 만날 가능성이 별로 없는 것이죠. 하지만 왕진을 하러 가면 얘기가 달라집니다. 환자가 누워 있는 방에 들어가서 벽에 걸린 가족사진 하나만 보게 되더라도 환자를 그저 질병으로 바라볼 수 없게 됩니다. 환자가 거주하는 곳에서 환자는 질병이 아니라 고유한 삶의 맥락 속에 있는 '한 사람'으로 인식되기 때문입니다. 그리고 그 사람이 놓여 있는 관계와 조건이 보입니다. 왕진에서는 병원 진료실에서 일어나는 3분 진료가 처음부터 일어날 가능성이 없는 것입니다.

이제 양창모 선생이 말하는 진정한 의료가 뭔지 조금 알 것 같습니다. 그것은 한 사람으로서 환자의 경험과 삶의 조건을 무시하지 않으면서 의사와 환자가 교감을 나누고 함께 아파하며 함께 겪어나가는 인간적인 의료입니다. 그리고 우리는 그것을 '의학의 휴머니즘 전통'이라고 부릅니다. 왕진은 점차 사라져가는 의학의 휴머니즘 전통을 다시금 깨닫게 해주는 중요한 의료 실천 양식입니다.

히포크라테스도
왕진을 했다?

서양의학의 경우 이런 휴머니즘 전통은 고대 그리스까지 거슬러 올라갑니다. 히포크라테스 학파 의사들은 당시 지배적이던 신 중심의 질병관을 거부하고 인간 중심의 질병관을 새롭게 주장합니다. 질병은 인간의 잘못에 대한 신의 형벌이나 악귀가 침입해서 생긴다는 초자연적인 질병관이 아니라, 인간 몸 내부의 구성 요소와 환경과의 관계에서 조화와 균형이 깨졌을 때 발생한다는 자연적이고 합리적인 질병관을 내세웠던 것이지요. 4체액설이라고 불리는 이들의 인체 이해가 그것을 대표합니다. 인간의 몸은 혈액, 점액, 황담즙, 흑담즙이라는 4가지 종류의 체액으로 구성되어 있고, 이 체액들이 조화롭고 균형 잡힌 상태에서 자유롭게 흐를 때 건강이 유지됩니다. 반면에 체액 간의 조화와 균형이 깨져서 특정한 체액이 넘쳐날 때 질병이 발생하는 겁니다. 따라서 피를 뽑거나 하제(설사를 하게 하는 약), 구토제, 목욕 등 다양한 방법을 통해 넘쳐나는 체액을 몸에서 빼주는 것이 가장 중요한 치료법이었습니다. 히포크라테스 의학에서는 초자연적이고 신적인 세계를 탐구한 것이 아니라 인간과 그/그녀를 둘러싼 자연 및 생활 환경이 탐구의 대상이 되었습니다. 인간 과학이 탄생한 것이지요.

그리고 히포크라테스 의학의 휴머니즘은 의사들에게 인본적인 태도를 지닐 것을 요구했습니다. 히포크라테스 총서 안에 "도움을 주고 해를 끼치지 않아야 한다"라는 유명한 말이 있듯이, 환자를 최우선으로 생각하는 의사의 자세와 태도는 의학의 휴머니즘 전통으로 오늘날까지 이어지고 있습니다.

고대 그리스 의사들은 자신의 진료소에서 진료했고 왕진도

했으며 이곳저곳 떠돌아다니면서 이동식 진료를 하기도 했습니다. 후대의 역사가들은 히포크라테스 학파 의사들의 이런 진료를 '침상 의학(bedside medicine)' 혹은 '머리맡 의학'이라고 부릅니다. 그곳이 진료소이든 환자의 집이든 언제나 환자가 누워 있는 곳에서 환자를 진단하고 치료했기 때문이죠. 그리고 이런 진료의 모습은 현대 의학에도 여전히 남아 있습니다. 환자가 병원에 입원하면 의사들은 회진을 돌면서 환자의 침대 옆에서 진찰도 하고 상담도 하곤 합니다. 물론 고대 그리스 의사와 오늘날 의사의 진료 형태는 많이 달라졌지만 말입니다.

고대 그리스 의사가 왕진을 하러 간 상황을 상상해볼까요? 왕진을 가면 환자의 가족은 물론이고 친지나 이웃들이 단순한 호기심으로 혹은 걱정과 근심으로 가득 찬 채 모두 모여 의사를 기다렸습니다. 의사는 얼마나 부담스러웠을까요? 환자나 가족뿐 아니라 구경꾼들의 마음까지 한 번에 사로잡으려면 대단한 능력을 갖추어야 했을 겁니다. 우선 준비를 철저히 해야 했겠죠. 왕진 가방에는 돌발적인 상황에 대처할 수 있도록 여러 도구를 챙겨 넣습니다. 복장을 잘 갖추는 것도 중요합니다. 예의 바르게 행동해야 하는 것은 말할 필요도 없습니다. 무엇보다 호기심 어린 시선 속에서도 침착함을 유지하면서 신속하고 단호하게 예후 판단을 내리고 처치를 할 수 있어야 합니다. 이런 역량을 발휘하려면 의사는 환자의 이야기를 주의 깊게 듣고 환자의 몸과 생활 환경을 잘 관찰하여 문제점을 파악해내야 합니다. 그리고 자신이 내린 예후 판단의 정당성을 환자와 주변 사람에게 설득할 수 있어야 합니다. 그리스 의사들에게는 환자의 이야기에 귀 기울이는 능력, 환자의 이야기 속에서 중요한 정보를 파악하는 능력, 환자의 몸과 생활 환경을 예리하게 관찰하는 능력, 자기 생각을 적절한 화술을 통해 전달하고 설득하는 능력이 모두 요구되었던 것입니다.

의료의 목표는
무엇인가?

의학의 오래된 철학적 논쟁거리 중에 이런 것이 있습니다. 의료의 목표는 치료(cure)인가? 아니면 치유(healing)인가?

양창모 선생의 글에는 환자와 의료인 사이의 따뜻하고 인간적인 만남의 장면이 여럿 등장합니다. 진료가 끝나기를 기다렸다가 산에서 캐 온 나물을 건네는 할아버지. 다른 지역의 종합병원에서 큰 수술을 받은 할머니를 위해 손자의 엽서를 들고 방문하는 의사. 중풍에 화상까지 입은 할아버지의 집 연탄을 대신 갈아드리고 어지럽다고 너스레를 떠는 간호사.

양창모 선생은 이런 만남도 모두 의료의 영역에 포함된다고 말합니다. 환자의 집을 찾아가거나, 인사를 건네고 진료실로 안내하고, 진료가 끝나면 배웅하고, 그런 접촉으로 마음의 변화까지 일어나는 이 모든 과정이 의료의 일부라는 것입니다.

그런데 그런 따뜻한 만남이 의료의 일부라면 그것에 어떤 치료 효과가 있는 걸까요? 병으로 고통받는 환자의 마음을 위로하고 격려하는 일이 병을 치료할 수 있을까요?

의료의 목표는 치료, 즉 질병을 제거하여 건강을 회복시키는 일이라고 주장하는 사람들은 대개 의학은 과학이라고 믿습니다. 과학 법칙에 지배받고 증거에 의해 타당성이 입증되는 합리적인 의학 지식과 실천 양식의 집합체가 바로 의학이라는 것이지요. 따라서 의료 행위는 결과를 예측할 수 있고 반복적으로 수행될 수 있으며 가치 중립적입니다. 치료는 과학적으로 타당한 의학 지식과 술기를 바탕으로 질병을 제거하는 것입니다. 그리고 이런 치료 행위는 아무나 할 수 있는 것이 아니라 사회적으로 공인된 교육 체계에서 오랜 기간 훈련을 받은 후 적절한 지식과 술기 능력을 갖춘 전문가만이 할 수 있습니다. 아픈 사람은 전문가가 적절한 치료 행위를 할 수 있도록 잘 협조해야 빨리 건강을 회복할 수 있을 겁니다.

이렇게 의학을 과학으로 보는 사람들은 환자와 의료인의 따뜻한 교감만으로 치료가 이루어질 수 있다는 주장을 쉽게 믿지 않을 겁니다. 과학적인 방법론에 근거한 구체적인 증거를 요구하겠지요. 그리고 플라세보 효과가 있을 순 있지만 환자와 의료인이 마음을 나눈다고 해서 병이 제거된다는 일관되고 재현 가능한 연구 결과가 나올 리 만무할 겁니다. 결국 의료의 목표는 치료에 있다고 본다면 양창모 선생이 왕진하러 가서 환자의 마음을 어루만지는 일은 구체적인 치료 효과가 있는 것이 아니라 환자에게 심리적 안정을 주는 정도의 부수적인 효과만 있는 일일 것입니다.

그런데 의료의 목표가 치료라기보다는 치유에 있다고 주장하는 사람들도 있습니다. 그들은 이렇게 말합니다. 히포크라테스 학파 의사들의 진료를 한번 생각해보십시오. 그들도 4체액설이라는 나름의 합리적인 지식 체계와 경험적 증거를 바탕으로 의료 행위를 했습니다. 현대 과학의 원리나 방법론과는 다르다고 해서 히포크라테스 학파 의사들의 행위를 의료가 아니라고 할 수 있을까요? 음양오행과 기의 흐름에 근거한 동아시아 전통 의학도 마찬가지입니다. 의료의 목표가 치료라는 주장은 과학에 기반한 현대 의학의 입장만 반영된 것이며 의료의 역사적, 문화적 맥락이 빠져 있습니다.

또한 질병에 걸린 사람은 물리적인 수준에서만 통증이나 불편함을 느끼는 것이 아닙니다. 질병은 심리적, 사회적, 심지어는 영적 차원까지 인간 삶의 다양한 차원에 영향을 끼치는 사건이기도 합니다. 늘 성과 지향적이고 승승장구하던 사람이 큰 병을 앓고 난 후에 삶의 태도가 완전히 바뀌는 일을 우리는 가끔 목격합니다. 따라서 질병이 우리 삶에 끼치는 영향은 고려하지 않고 질병만 쏙 제거하려 한다면 불완전한 치료가 될 수밖에 없을 겁니다. 그래서 많은 사람이 의료의 목표는 치료라기보다 삶의 균형을 회복하고 심리적 안정을 통해 삶에 대한 충만감을 느낄 수 있는 치유로 나아가야 한다고 말하는 것입니다. 이런 측면에서 보면 양창모 선생의 진료 행위는 진정한 치유를 지향하는 의료라고 할 수 있습니다. 단지 육체적 곤경을 해결하는 것에 그치지 않고 아픈 이의 삶의 조건까지 살피면서 아픈 이가 삶의 균형을 되찾을 수 있도록 노력하고 있으니까요.

하지만 이런 반론이 있을 수 있습니다. 예를 들어 말기 암을 앓는 이가 병을 받아들이고 심리적으로 안정되어 삶의 충만함을 느꼈지만 실제로 몸 안의 암은 계속 나빠지고 있다면 어떻게 할 것이냐고 말입니다. 치유는 이루어졌지만 치료는 되지 않은 이런 상황에서 의료의 목표는 달성된 것일까요?

반대의 경우도 있습니다. 가정 폭력으로 다리에 골절상을 입은 아이가 수술 후 골절이 말끔히 치료되었습니다. 하지만 아이는 여전히 두려움에 떨고 있고 집으로 돌아가기를 거부합니다. 치료는 이루어졌지만 치유는 이루어지지 않은 이런 상황에서도 의료의 목표는 달성된 것일까요?

이런 반론들은 의료의 목표를 치료인가, 치유인가라는 양자택일의 문제로 볼 때 맞닥뜨리는 어려움을 잘 보여줍니다. 왜냐하면, 의료 현실에서는 치료와 치유의 경계가 분명하게 구분되지 않는 경우가 많기 때문입니다. 양창모 선생의 왕진 의료팀이 주로 만나는 환자는 만성질환과 노쇠로 힘들어 하는 어르신이 대부분입니다. 어르신들은 만성질환이나 그로 인한 식사와 배설의 어려움, 욕창 등의 문제는 물론이고 사회적 고립에서 오는 심리적 어려움 등 관리가 필요한 다양한 문제들을 안고 있습니다. 그리고 때로는 폐렴이나 요로 감염처럼 급성기 치료가 필요한 경우도 있습니다. 이런 어르신들에게 의료팀이 하는 행위는 치료와 치유를 넘나듭니다. 그런 의미에서 의료의 목표에는 치료와 치유가 모두 포함되는 게 아닐까요?

그런데 치료와 치유를 포괄하는 개념이 있습니다. 그것은 '돌봄(care)'입니다. 보통 돌봄은 간호사가 하는 일, 치료는 의사가 하는 일로 생각하지만 사실 이렇게 돌봄과 치료가 나뉘게 된 것은 근대적 현상입니다. 영어 cure와 care는 어원적으로는 모두 돌보고 보살핀다는 의미였다고 합니다. 근대에 들어 과학이 발전하고 서양의학이 남성 전문가 중심의 공격적인 의학으로 재편되면서 덜 과학적이고 부드럽다고 여겨지는 돌봄은 여성의 영역으로 배치되었던 것이지요. 하지만 의사의 권위가 예전보다 약해지고 만성질환이 많아진 오늘날에는 질병을 제거하는 것보다는 관리해야 하는 경우가 대부분이고 그에 따라 치료 못지않게 돌봄의 중요성이 확대되고 있습니다. 게다가 코로나19 사태로 발생한 돌봄 위기에서도 알 수 있듯이 이제 돌봄은 단지 여성만이 하는 일이 아니라 인간이라면 누구나 서로를 위해 해야 할 일로 개념 전환이 일어나고 있습니다. 태어날 때부터 인간은 근본적으로 취약하고 의존적인 존재이고, 따라서 누군가의 돌봄을 필요로 하고 또 누군가를 돌봐야 하기 때문입니다. 코로나19 사태를 통해 우리는 이런 사실을 뼈저리게 느끼게 되었습니다.

의료는 일종의 돌봄 시스템입니다. 그 안에는 치료적 돌봄이 있고, 치유적 돌봄이 있습니다. 치료와 치유의 성격이 다르다 해도 모두 돌봄 행위입니다. 그렇다면 좋은 의사란 결국 잘 돌보는 의사가 아닐까요?

의과대학에 입학한 학생은 꼭 이런 질문을 받습니다. 왜 의대에 진학했나요? 어떤 의사가 되고 싶은가요?

예전 같으면 슈바이처 같은 훌륭한 의사가 되어 봉사하는 삶을 살겠다는 모범 답안(?)을 하는 친구들이 있었겠지만 요즘은 그렇지 않죠. 경제적으로 안정적이라는 점이 아마 가장 큰 이유일 것이라 생각합니다. 정말 아무 생각 없이 점수에 맞춰서 의대에 진학했다는 학생들도 꽤 있지요. 하지만 일단 의과대학에 들어온 이상 어떤 의사가 될 것이냐는 질문을 피할 길이 없습니다. 앞으로의 직업적 삶을 결정할 중요한 질문이기 때문이지요.

모든 의사가 양창모 선생 같은 왕진 의사가 될 수는 없습니다. 그것은 많은 희생과 용기가 필요한 일입니다(당사자는 그렇게 생각하지 않겠지만요). 그래도 우리는 양창모 선생의 왕진을 통해 의사들이 이런 모습이면 좋겠다는 점을 찾아볼 수 있습니다. 그것은 환자의 이야기를 잘 듣고, 환자의 삶을 진지하게 들여다보고, 환자의 어려움을 함께 겪어가는 삶의 '목격자'이자 '증인'으로서의 의사의 모습입니다. 치료가 중요한 시대에는 삶을 함께하는 의사가 굳이 필요 없었겠지요. 질병만 말끔히 제거하면 되었으니까요. 하지만 만성질환과 노화의 시대인 오늘날에는 병과 같이 살아가야 하는 수많은 사람이 있고 의사 역시 그런 사람들과 평생을 같이해야 합니다. 그렇다면 잘 돌보는 의사는 질병을 없애는 것에 그치지 않고 환자의 삶과 발걸음을 같이하면서 그 안에 담겨 있는 어려움마저 보듬을 수 있는 의사일 겁니다. 설령 그것이 불가능한 일일지라도 좋은 의사라면 그렇게 되기 위해 계속 노력을 할 테죠. 학창 시절부터 늘 1등을 놓치지 않은 의사도 물론 훌륭한 의사입니다. 치료 능력도 중요한 돌봄 능력이기 때문입니다. 하지만 그것이 다는 아닙니다. 치유를 통한 돌봄 능력 역시 중요합니다. 미래의 의사를 꿈꾸는 친구라면 이 점을 꼭 잊지 않으면 좋겠습니다.

〈참고문헌〉
김명환, "왕진, 한때 진료 건수의 30% 차지… 한밤 요청도 거부하면 惡德 의사로 처벌", 《조선일보》, 〈김명환의 시간여행〉, 2018.8.15.
양창모, 『아픔이 마중하는 세계에서』, 한겨레출판, 2021.
황임경, 『의료인문학이란 무엇인가』, 동아시아, 2021.
자크 주아나, 서홍관 옮김, 『히포크라테스』, 아침이슬, 2004.
T. Schramme, S. Edwards (ed), *Handbook of the Philosophy of Medicine*, Dordrecht: Springer, 2017.

제8장

코로나바이러스가
우리에게 알려준 것들

글쓴이_ **김호연**

한양대학교 인문대학 미래인문학융합학부에 재직하며, 창의융합교육원 고전읽기융합
전공 주임교수를 겸하고 있다. 화학, 서양사, 과학사를 공부했고, 우생학사(史) 연구로 박
사학위를 취득했다. 인문학과 과학 사이에서 융합 연구와 교육을 수행하고, 관계와 소
통을 화두로 모두의 좋은 삶을 지향하는 강연과 사회 활동을 하며 살아가고 있다. 그동
안 쓰고 옮긴 글로는 『유전의 정치학, 우생학』, 『희망이 된 인문학』, 『인문학, 아이들의 꿈
집을 만들다』(공저), 『미국, 미국사』(공저), 『과학기술의 철학적 이해』(공저), 『현대생물학의
사회적 의미』(공역), 「골튼의 정상 개념과 우생학 그리고 性」, 「코로나바이러스와 인종주
의」, 「우생학, 국가, 그리고 생명 정치의 여러 형태들」, 「역사 리텔링과 상흔(trauma)의 치
유」, 「인문학의 복지적 실천을 위한 시론적 연구」, 「인문학 교육의 역할과 효용성에 관한
연구」 등이 있다.

역사의 물줄기를
바꾼 감염병들

여러분, 바이러스는 박멸의 대상일까요? 사실 인류의 역사를 살펴보면 바이러스는 인간과 더불어 살아온 존재라고 해도 과언이 아닙니다. 바이러스는 우연과 필연이 교차하는 인류의 역사에서 인간의 삶을 변화시키고, 심지어는 체제나 구조를 바꾸는 역할을 하기도 했습니다. 오늘은 여러분과 함께 인간 역사의 물줄기를 바꿨던 감염병들과 우리에게 이미 익숙한 코로나바이러스(Covid-19)에 대해 알아보면서, 우리가 나쁜 무엇으로만 생각하는 바이러스, 그리고 그에 의한 감염병들이 우리에게 알려주는 바가 무엇인지를 살펴보려고 합니다.

과학기술의 발전은 인간에게 무한한 가능성과 편리성을 제공했지만 위험 또한 증가시켰습니다. 그 위험 속에서 우리는 과학기술이 아무리 발전해도 피할 수 없는 것들이 있음을 알게 되었지요. 감염병도 그런 위험 가운데 하나입니다. 따라서 과학기술을 발전시킨 인간은 유토피아적 미래를 꿈꾸기도 하지만 겸손해져야 할지도 모릅니다.

감염병은 그 우연성으로 역사에 큰 영향을 미쳐왔습니다. 그래서 누군가는 인류의 역사를 질병과 투쟁해온 역사라고도 합니다. 미국 시카고대학의 역사학 교수 윌리엄 맥닐(William H. McNeil)은 『전염병과 인류의 역사』(1992)에서 미시기생과 거시기생이라는 개념으로 인간과 감염병의 관계를 설명했습니다. 미시기생은 병원체와 인간이 맺는 관계를 말하는데, 이것은 병원체가 인간을 숙주로 삼으면서 자신의 삶을 영위하는 것입니다. 거시기생은 동물체와 인간 또는 사람과 사람 사이의 지배, 피지배 관계를 말합니다. 맥닐에 의하면, 미시기생 관계에서 인간과 미생물은 혼란기를 겪으면서 생태학적 균형을 이루게 되며, 그 균형상태에서 한 문명이 싹튼다고 합니다. 그런데 거시기생 상태의 변화, 이를테면 전쟁, 식민지 약탈 등이 발생하면 안정상태에 있던 질병과 인간과의 관계가 깨진다고 합니다. 이때 역병이 유행하면 다시 거시기생 관계에 변화가 생긴다고 합니다. 맥닐의 이야기는 감염병과 인간의 역사가 상호작용을 하고 있다는 것이겠지요. 또 질병이란 것이 단순히 세균만의 문제가 아니라는 점도 알려준다고 볼 수 있습니다.

인류 역사에서 발생했던 크고 작은 질병, 특히 감염병은 역사의 물줄기를 다른 방향으로 돌리기도 했고, 한 문명을 파국으로 내몰기도 했습니다. 과거 인류의 역사에서 이러한 예는 무수히 발견할 수 있습니다. 그런데요, 대부분 감염병은 병원균과 그 병원균으로 인한 질병이 광범위하게 유포될 수 있는 사회경제적 조건의 결합으로 탄생하고 확산하는 경우가 많습니다. 즉 우리가 두려워하는 질병 그리고 그것의 원인으로 알고 있는 세균이나 바이러스는 인간이 살아가는 사회 구조, 제도, 정치적 조건 등 일련의 역사적 조건들과도 관련 있다는 말이겠지요.

건강하게 오래 살고 싶은 것은 어느 시대에나 인간의 근원적 욕망이었습니다. 더군다나 이제 질병은 절대적으로 피해야 할 것이 된 지 오래죠. 이는 질병이 만들어낸 고통의 역사 때문일 것입니다. 실제로 감염병은 예고되지 않은 죽음을 맞게 했고, 문명의 몰락을 가져오기도 했습니다. 특히 우리가 익히 들어본 페스트나 천연두, 티푸스 같은 전염성 세균이나 바이러스에 의한 질병의 유행은 잘 알려진 사례라고 할 수 있습니다.

천연두, 질병의
세계화

천연두(smallpox)는 바이러스에 의해 발생하는 감염성 질환입니다. 아마도 감염병의 역사에서 가장 먼저 등장하는 것이 천연두일 것입니다. 여러분도 잘 아는 마마 귀신이 바로 천연두입니다. 천연두에 걸린 사람은 보통 2주 이내의 잠복기를 거쳐 급성 발열과 두통 그리고 요통이 발생하고, 그로부터 2~3일이 지나면 피부 병변이 온몸에 나타난다고 합니다. 그러다가 1주 정도 지나면 피부에 수포가 발생하고, 그 수포에 농이 차오르면서 패혈증, 폐렴, 후두염, 늑막염으로 이어져 사망에 이르는 무시무시한 감염병이라고 알려져 있습니다.

천연두는 인간이 정착 생활을 시작하면서 발생한 것으로 추정하는데, 최초의 역사적 기록은 기원전 14~13세기 이집트와 히타이트 사이의 전쟁 때 발생한 것으로 알려져 있습니다. 당시 천연두에 감염된 이집트 병사가 히타이트 군대의 포로로 잡히면서 히타이트 문명 자체가 몰락하는 주요 원인이 되었다고 합니다. 로마의 평화 시대(Pax Romana)가 끝나갈 무렵인 마르쿠스 아우렐리우스(Marcus Aurelius Antoninus, 재위 161~180) 황제 말기에도 천연두가 발생하여 로마제국의 쇠퇴를 재촉했고, 십자군전쟁

때는 이슬람 세계에 전파되어 큰 피해를 줬습니다.

천연두가 역사의 물줄기를 바꿨던 사례 가운데 가장 흥미로운 시기는 서유럽의 대항해 시대였을 것입니다. 서유럽 세력의 대항해와 남북아메리카 대륙의 정복은 유럽의 정치 사회적 조건만 세계화한 것이 아니라 질병도 세계화한 계기가 되었습니다. 제러드 다이아몬드(Jared Mason Diamond, 1937~)의 『총 균 쇠』에는 다음과 같은 이야기가 나옵니다. 1519년 스페인의 코르테스(Hernan Cortes, 1485~1547) 부대가 아즈텍 제국(지금의 멕시코 지역)에 도착했습니다. 당시 코르테스의 외모는 자유와 평화 그리고 번영을 약속했던 구세주인 전설 속의 케찰코아틀(Quetzalcuatl)과 흡사하여 아즈텍 사람들이 신처럼 그를 받들고 환대했다고 합니다. 그러나 코르테스가 가져온 것은 자유와 평화가 아니라 천연두라는 이름 모를 질병이었습니다. 당시 유럽은 천연두가 발생한 지 오래되어 면역을 갖추고 있었지만, 아즈텍 사람들은 면역이 있을 리 없었습니다. 고작 300명의 부하로 코르테스가 1521년에 아즈텍 제국을 점령할 수 있었던 것은 이미 아즈텍 인구의 반이 천연두로 죽었기 때문일 것입니다. 질병을 피해 달아난 아즈텍 사람들을 따라 천연두는 마야제국과 라틴아메리카 전역으로 퍼졌고, 급기야 라틴아메리카 인구의 10분의 1 이상이 천연두로 죽었습니다. 천연두는 아즈텍이나 잉카 같은 라틴아메리카 원주민 제국들을 멸망시키는 치명적인 무기였던 셈이지요.

이뿐만이 아닙니다. 북아메리카 대륙을 식민화했던 영국인들은 천연두를 처음부터 무기처럼 사용했습니다. 당시 영국인들은 천연두 균이 든 농을 묻힌 담요나 손수건을 인디오들에게 선물했고, 인디오들은 영문도 모른 채 죽었다고 합니다. 물론 천연두나 페스트 같은 감염병이 유럽인들에게만 유리하게 작용한 것은 아닙니다. 아시아, 아프리카, 아메리카 대륙 등에 존재하던 토착 풍토병은 유럽인이 세계를 식민화하는 과정에서 중요한 장애가 되기도 했습니다. 열대 지방에 창궐하던 말라리아, 동남아시아에 만연하던 콜레라, 아프리카의 가장 치명적인 살인 질병인 황열병 등은 유럽인이 이들 지역을 식민화하는 것을 지연시키기도 했고, 때로는 유럽인을 통해 유럽 대륙으로 확산하기도 했습니다.

천연두는 1796년 제너(Edward Jenner, 1749~1823)가 종두법을 활용하면서 차차 줄었습니다. 제너는 소에서 발생하는 천연두 유사 질환인 우두를 종두법에 이용하여 천연두로 인한 사망률을 급격히 줄여주었습니다. 이제 천연두가 완전히 근절되었다고 하지만, 종종 천연두에 의한 사망이 알려지기도 합니다. 더욱 두려운 것은 천연두 바이러스를 가지고 있는 나라들이 있다는 사실입니다. 탄저균을 이용한 생물학 테러 이야기를 들어본 분들이 있

을 텐데요, 천연두 바이러스도 무기화될 가능성을 완전히 배제할
수 없겠지요.

티푸스, 나폴레옹
군대의 패배

티푸스(typhus 혹은 typhoid fever)는 이가 전파하는 감염병으로 보
통 상처를 통해 사람의 체내로 들어가 병을 일으킵니다. 2주 정도
잠복기가 지나면 고열과 오한, 구토 등이 나타나고, 전신에 근육
경련이 일기도 합니다. 이후 폐렴과 같은 질병이 발생하면서 몸
이 썩는 티푸스는 사망률이 상당히 높은 질병입니다. 티푸스란 명
칭은 그리스 신화에 나오는 튜포스(Typhos 혹은 튜폰[Typhon])에
서 유래되었습니다. 제우스에게 굴복당한 이 괴물은 시칠리아 섬
화산 밑에 갇혔고, 때때로 분노를 감추지 못해 지진을 일으키거나
용암이나 뜨거운 공기를 분출시키기도 했다고 하죠. 서양 사람들
은 동양에 와서 몬순 기후나 태풍을 본 후, 이것을 튜포스의 이름
을 따서 타이푼(Typhoon)이라고 불렀습니다. 티푸스와 태풍의 명
칭 유래가 같네요. 쉽게 말해, 티푸는 인체 내에서 발생하는 태풍
같은 것이었나 봅니다.

티푸스는 천연두와 마찬가지로 여러 차례 역사에 등장합니다. 우리가 잘 알고 있는 안네 프랑크(Anne Frank, 1929~1945)도 티푸스에 감염되어 죽었지요. 티푸스와 관련된 가장 흥미로운 역사적 사건은 나폴레옹(Napolon, 1769~1821)의 러시아 원정에 얽힌 이야기일 것입니다. 기록에 의하면 나폴레옹의 군대에서 티푸스가 발병한 것은 1812년 여름입니다. 당시 나폴레옹의 군대는 러시아를 제외한 거의 모든 유럽 대륙을 제패했습니다. 나폴레옹은 마지막 남은 러시아를 정복하기 위해 엄청난 대군을 이끌고, 수개월에 걸친 대장정에 나섰습니다. 하지만, 어렵사리 도착한 나폴레옹 군대를 맞이한 것은 모스크바의 황량함이었다고 하지요. 이미 군대의 사기도 많이 떨어진 상태이고, 여러모로 싸울 수 있는 상황이 아니었던 모양입니다. 더군다나 크투초프(Mikhail Illarionovitch Kutuzov)의 불태우기 작전으로 나폴레옹 군대는 아무런 성과도 얻지 못한 채 귀국길에 오릅니다. 이 과정에서 대부분 병사가 사망했습니다. 유럽 대륙을 파죽지세로 제패하고, 그 여세를 몰아 러시아를 정복해 카이사르처럼 되고 싶었던 나폴레옹의 꿈은 여지없이 깨지고 말았습니다. 이 과정에서도 티푸스가 중요한 역할을 했다고 합니다. 당시 나폴레옹 군대의 막사와 야전병원은 위생적으로 불량했는데, 이는 티푸스의 발병과 확산으로 이어졌습니다. 그래서 나폴레옹 군대는 러시아 군대와 싸우기 전부터 기세가 수그러들었던 모양입니다. 이런 상황에서 크투초프가 나폴레옹 군대의 식량 보급을 차단하기 위해 들판의 곡식을 불태웠고, 나폴레옹 군대는 꼼짝없이 패배하게 되었습니다.

조선에서의
감염병

혹시 호열자라고 들어보셨나요? 신동원의 『호열자, 조선을 습격하다』(2004)를 읽어보면, 역사가 정치와 경제 말고도 의학이나 과학 같은 분야와도 밀접한 연관이 있다는 것을 알 수 있습니다. 이 책에는 조선의 감염병인 호열자에 대한 이야기가 아주 자세하게 나옵니다. 호열자(虎列子)는 19세기 말 조선을 덮친 대표적인 감염병을 말합니다. 호랑이가 살점을 찢어내는 고통을 준다는 뜻에서 비롯되었고, 콜레라의 우리 식 음역입니다. 1821년에는 이름을 알 수 없어 "요괴스러운 질병"이란 뜻으로 괴질(怪疾)로도 불렸습니다. 흔히 우리가 알고 있는 콜레라균은 비브리오 콜레라(Vibrio Cholera)균을 말합니다. 당시 조선에서 발생한 호열자는 면역력의 결핍, 열악한 환경, 교통 발달, 도시화와 인구 증가, 장시의 증가, 집단적인 장례 풍습의 발달 등이 복합적으로 작용하여 큰 피해를 가져왔다고 알려져 있습니다.

당시 조선인들은 콜레라를 쫓기 위해 대문에 고양이 그림을 붙였다고 합니다. 이것을 유감 요법이라고 하는데, 콜레라에 걸리면 쥐가 발을 물어 근육에 쥐가 오르는 것 같았기 때문에 벌어진 일이지요. 그런데 이것을 단순히 조선인의 무지로 이해하고 우스꽝스럽게 여기면 곤란합니다. 의학이 요즘처럼 신뢰받는 학문으로 자리를 잡기 전 서양에서도 역병을 없애기 위해 하늘에 대포를 쏘거나 콜레라 같은 감염병은 신이 내린 징벌이니 기도를 열심히 하고 도덕을 함양하면 치료할 수 있다고 생각했으니까요. 서양의학은 선진, 동양의 것은 후진이라고 생각하기 쉽지만 사실은 그렇지 않습니다.

무오년(1918) 독감도 많이 들어보셨지요? 당시 740만 명 환자를 양산하고, 무려 13만 명이 사망했습니다. 당시 조선 인구가 약 1,700만 명이었으니 대단한 숫자이죠. 대부분의 사망 원인은 독감으로 인한 급성 폐렴이었는데, 무오년 독감은 우리에게 스페인독감으로 알려진 그 독감이 한반도에 전파되면서 발생한 것입니다. 1918년 3월 미국 캔자스 주의 미군기지에서 독감 환자가 발생했고, 이것이 유럽 대륙을 거쳐 한반도까지 이동한 것으로 알려져 있습니다. 스페인독감은 원래 미국에서 시작된 것이라고 해요. 그런데 왜 스페인독감이라고 불렀을까요? 당시는 제1차 세계대전 기간이었습니다. 미국은 전쟁에 직간접적으로 관여하고 있었고, 잘 알다시피 전시에는 언론 보도도 통제합니다. 그런데 스페인은 전쟁에 참전하지 않던 터라 미국을 통해 전파된 독감으로 인한 사망자를 대서특필했던 것입니다. 사람들이 이 시기의 독감을 스페인독감이라고 부르게 된 까닭입니다. 스페인독감, 즉 무오년 독감은 미국에서 스페인을 거쳐 조선까지 왔으니, 감염병의 전파가 얼마나 무서운지, 사회적 거리두기 같은 조치가 왜 중요한지 알 수 있습니다.

코로나바이러스, 페스트, 그리고 뉴노멀

바이러스 유행의 진원지는 한마디로 인간 활동이라고 할 수 있습니다. 예를 들어 조류독감은 새들의 서식지가 파괴되어 발생하고, 공장식 사육이나 숲의 파괴와 기후변화 그리고 자본주의 발전에 따른 도시화와 세계화는 바이러스나 세균의 확산을 일으키는 주요한 이유입니다. 앞에서 말한 여러 상황에서는 인간과 바이러스의 적응(공생) 관계가 깨지기 쉽고, 이것이 감염병의 유행으로 이어집니다. 바이러스의 무시움은 변종의 언이은 등상에도 있습니다. 그만큼 감염병은 쉬이 물리치기 어렵습니다. 물론 바이러스는 박멸하거나 퇴치할 수 있는 존재가 아닙니다. 그러니 바이러스와 인간이 어떻게 공생하고 적응할 것인가를 고민하는 것이 중요하지 않을까요?

코로나바이러스가 유행하면서 가장 많이 언급된 감염병이 페스트(pest)입니다. 이는 중세 유럽의 페스트가 중세 봉건제를 해체하고, 근대 자본주의로 이행하는 촉진제 역할을 했기 때문입니다. 우리 사회에서도 코로나바이러스가 확산하면서 뉴노멀(New Normal)이라는 단어가 유행했지요. 중세 유럽의 페스트가 그랬던 것처럼 코로나바이러스가 새로운 사회 질서를 만들었기 때문입니다.

페스트에 걸리면 온몸이 검은색으로 변해 죽기 때문에 흑사병(Black Death)이라고도 부릅니다. 페스트가 인류 역사에 등장한 것은 아주 오래전입니다. 가장 널리 알려진 페스트는 1348년부터 1351년 사이 발생해 유럽 인구의 3분의 1을 죽음으로 내몬 페스트입니다. 당시는 신의 진노로 받아들여졌고, 유대인들 때문이라는 주장도 있는 등 그 발생을 둘러싸고 다양한 가설이 난무했습니다. 가장 설득력 있는 주장 가운데 하나는 쥐와 같은 설치류에 의해 페스트가 전파된다는 것인데, 신빙성 있는 원인이 밝혀진 것은 19세기 중반입니다. 즉 검은쥐가 페스트균의 보균체 역할을 한다고 하는데, 벼룩이 검은쥐의 피를 빨아먹고, 그 뒤 벼룩이 다른 개체에게 페스트균을 옮긴다는 것이 가장 일반적인 설명입니다.

보카치오(Giovanni Boccaccio, 1313~1375)의 『데카메론』(1351)에서 볼 수 있는 서양 중세인의 공포나 르네상스 시기 가장 존경받던 시인 페트라르카(Francesco Petrarca, 1304~1374)가 생각했던 암흑의 시대는 페스트 때문인지도 모르겠습니다. 1348년에서 1351년 사이 유럽에서는 사람들이 전혀 상상도 할 수 없는 엄청난 공포가 생겼는데, 주원인이 페스트였습니다. 조셉 폰타나의 『거울에 비친 유럽』(1999)에 의하면, 당시 유럽에 페스트를 일으킨 페스트균은 몽골군이 동남아시아를 공격하는 과정에서 전파되어 바다 비단길을 따라 인도, 페르시아, 시리아, 이집트를 거친 후 1348년경에 유럽에 전파되었다고 합니다. 몽골군이 크리미아반도를 공격하는 과정에서 퍼뜨린 페스트는 기근으로 이미 허약해진 유럽인들을 죽음으로 내몰았습니다. 당시 카파(kaffa)라는 지역을 공격하던 몽골군은 함락에 실패하자 시체들을 성 안에 던졌고, 바로 이 시체에서 페스트균이 전파되어 유럽 대부분 지역으로 확산하였다고 합니다. 중앙아시아의 풍토병이라 할 수 있는 이 페스트가 아무런 방비도 갖추지 않던 유럽인을 덮친 것이지요. 페스트가 이토록 강력한 영향을 끼칠 수 있었던 중요한 이유 가운데 하나는 11세기부터 대대적으로 일어난 개간 운동이었습니다. 서양의 중세 봉건제는 농업에 기초한 자급자족적인 경제 생활을 영위했고, 당연히 가장 중요한 것은 농토 확보였습니다. 개간은 필수조건이었고, 이 과정에서 엄청난 규모로 숲이 파괴되었습니다. 숲이 사라지면서 찾아온 이상기후는 농업 생산력 하락과 장기간의 기근을 유발했고, 이런 상황에서 급습한 페스트가 대량 사망으로 이어졌습니다.

페스트에 의한 급격한 인구 감소는 달리 말해 노동 인구가 줄어들었다는 것이고, 노동 인구가 달라지면 이에 따라 생산 방식 같은 사회경제적 조건들이 변할 수밖에 없습니다. 예를 들어 대규모 노동력이 필요했던 농업 방식을 소규모 노동력으로도 가능한 목축으로 전환하거나, 농민의 부역 노동이 화폐나 생산물로 전환되는 등 일련의 구조적 변화가 일어납니다. 동유럽처럼 기존의 농업 질서가 강화되는 지역도 있었지만, 서유럽의 대부분 지역에서는 이미 14세기 초엽부터 일어나고 있던 봉건적 질서의 해체 과정이 우연한 페스트의 전파로 더욱 가속화되었고, 이는 서양의 근대로 이어지게 됩니다. 달리 말해, 페스트는 서유럽 봉건제 해체의 촉진제이자 서양의 근대를 만들어낸 산파였다고 할 수 있습니다.

코로나바이러스가
알려준 것들

알다시피 코로나바이러스에 의한 팬데믹은 이전과 다른 질서를 만든 변곡점입니다. 다만 페스트가 보여준 역사처럼 전면적인 구조 변화가 일어날지, 사소한 변경에 그칠 것인지는 사람마다 다르게 이야기하고 있습니다. 그래도 뭔가가 다르거나 달라져야 하는 것만큼은 분명해 보입니다. 뉴노멀이란 단어가 유행하는 이유입니다.

그렇다면 무엇이 다를까요? 또는 무엇이 달라져야 할까요? 뉴노멀의 내용을 무엇으로 채우고 그 방향은 어디를 향해야 할까요? 저는 무엇보다 코로나바이러스로 인해 누가 가장 먼저 피해를 봤는지 살펴봐야 한다고 생각합니다. 언론 보도를 통해 우리는 밀접 접촉이 있을 수밖에 없는 열악한 노동 환경이나 노약자가 있는 요양병원에 코로나바이러스가 가장 먼저 침투했다는 것을 알고 있습니다. 보균자라고 알려진 사람들에 대한 편견이나 혐오에 대해서도 돌아볼 필요가 있습니다. 야만이 문명의 반대가 아니라 마치 문명 속에 야만이 있는 것처럼 보입니다. 코로나바이러스는 인간이 누군가에게 의존하지 않은 채 살아갈 수 없다는 점을 분명히 알려주었습니다. 기실 인간이란 존재가 사회적 동물인 까닭에 사람은 누군가에게 빚을 지고 살아간다고 저는 생각합니다. 포스트 코로나 시대의 뉴노멀을 생각할 때, 서로 돕고 협력하는 연대의 문화가 얼마나 소중한지 깨달으면서 뉴노멀의 내용과 방향을 세워가면 좋겠습니다.

여기서 살펴본 감염병 말고도 인류의 역사에 등상했던 감염병은 무수히 많습니다. 오늘날 우리를 찾아오는 치명적인 감염병은 과거의 그것과는 달리 세계화 시대에 걸맞게 전 지구적 차원에서 영향을 미칩니다. 그러니 폐해는 더 클 수밖에 없겠지요. 어쩌면 인류 역사를 우연의 장으로 만든 감염병의 공포는 영원히 끝나지 않을지도 모릅니다. 기실 바이러스는 박멸할 수도 없고, 박멸 대상도 아니니까요. 바이러스와 인간, 서로 적응하는 관계를 다시 복원하고, 함께 살아가는 지혜를 모으는 것이 뉴노멀 시대에 필요한 노력이라고 생각합니다.

2021년 2월 프랑스에서 출간되자마자 수만 부가 팔리면서 주목을 끈 조프루아 들로름의 『노루인간』(2021)이라는 책이 있습니다. 저자는 초등학교 때 학교를 그만두고 숲에서 텐트도 침낭도 없이 7년이란 시간을 보냈습니다. 그러면서 자신이 너무도 자기중심적이었다고 고백합니다. 숲과 그곳에서 만난 동물들, 특히 노루를 통해 그간의 자기 생각과 행동을 깨닫습니다. 숲과 노루를 자기 멋대로 길들이려 했다는 반성이지요. 하지만 이내 길들이기는 서로 동등하게 이루어져야 한다는 것을 여실히 깨닫습니다. 여러분! 생텍쥐페리의『어린 왕자』에서 친구가 된다는 것은 서로 길들이는 것이라는 이야기를 기억하나요? 공존하고 공생한다는 것은 친구의 다른 말일 텐데요. 지금이야말로 우리가 자연이나 동물, 특히 바이러스와도 친구가 될 수 있는 노력을 해야 할 중요한 순간이 아닐까요? 지금까지 인간은 인간의 편의대로 바이러스를 비롯한 수많은 생명체와 자연을 멋대로 조작하고 개발하면서 강제적으로 길들여왔는지도 모르겠습니다. 이제는 달라져야 합니다. 우리가, 즉 인간이 먼저 다른 생명체와 자연의 길들이기에 적응해보는 것은 어떨까요? 저는 살아 있는 모든 존재와 함께 살아가면 좋겠습니다.

〈참고문헌 & 더 읽어볼 거리〉
김호연, 「코로나바이러스, 인종주의, 그리고 우생학」, 『유전의 정치학, 우생학』, 단비, 2020.
배우철, 『생물학무기』, 살림, 2003.
신동원, 『호열자, 조선을 습격하다』, 역사비평사, 2004.
아노카렌, 권복규 옮김, 『전염병의 문화사』, 사이언스북스, 2001.
윌리엄 H. 맥닐, 허정 옮김, 『전염병과 인류의 역사』, 한울, 1992(2019).
자크 르 고프·장 샤를 수르니아, 장석훈 옮김, 『고통받는 몸의 역사』, 지호, 2000.
제러드 다이아몬드, 김진준 옮김, 『총 균 쇠』, 문학사상사, 1998.
조르주 캉길렘, 여인석 옮김, 『정상적인 것과 병리적인 것』, 그린비, 2018.
조셉 폰타나, 김원중 옮김, 『거울에 비친 유럽』, 새물결, 1999.
조프루아 들로름, 홍세화 옮김, 『노루인간』, 꾸리에, 2021.

제9장

생태적인
삶

글쓴이_ **우석영**

철학자. 작가. 포스트휴먼 지구철학, 돌봄, 탈성장, 포스트휴먼 예술 등 관심사가 난잡하다. 한신대 생태문명원(연구위원), 동물권연구변호사단체 PNR(전문가회원), 생태적지혜연구소(학술위원), 산현재(기획위원) 등에서 활동하고 있다. 『기후 돌봄』(공저), 『기후위기행동사전』(공저), 『불타는 지구를 그림이 보여주는 것은 아니지만』『걸으면 해결된다 Solvitur Ambulando』(공저), 『철학이 있는 도시』『낱말의 우주』 등을 썼다.

여는 글_
등산 안내문

'생태적인 삶'이라고요? 음, 제목이 너무 거창한데요? 아니, 거창한 것만이 아니라 왠지 막연한 느낌들 들고요.

도대체 왜 이런 것을 말하는 사람들이 있는 것일까요? 생태적인 삶이라고 하면, 생태적으로 살아야 하는 삶을 말하는 것일까요?

이런. 쓰고 보니 질문투성이군요. 음, 미안합니다. 그런데 이 글에서 저는 이렇게 여러분에게 여러 질문을 던질 예정이랍니다. '생태적인 삶'이라는 주제 자체가 뭔가 가르치려 한다는 다소 꼰대 같은 느낌으로 다가오기 때문이기도 하고, 지루할 것 같다는 예감도 주기 때문이지요. 그런데 꼰대 같은 것, 지루한 것은 제가 이 세상에서 가장 싫어하는 것이랍니다. 여러분도 그럴까요? 그렇다면, 안심하세요, 저는 여러분 편이니까요.

또 하나, 제가 이런 방식으로 글을 풀어가려 하는 데는 다른 이유도 있어요. 이 주제 자체가 너무나 많은 것을 포괄하고 있거든요. 그러니 구체적인 것을 이야기하면서 그 큰 것에 다가가보는 편이 바람직하지 않을까 싶은 거지요. 다시 말해, 우리의 삶과 직접적인 관계가 있는 것들에 대해 질문을 던져보고 또 답변도 해보는 우회로를 통해 '생태적인 삶'이라는 큰 산에 다가가보려는 것입니다.

그렇습니다. 이 글에서 저는 여러분과 함께 산에 올라 보려 합니다. 그러나 안심하세요. 직등 코스가 아니라 에둘러 가는 코스로 천천히 함께 올라가보려 하니까요.

자, 그럼 슬슬 길을 떠나볼까요?

기후 위기와 생태 위기는
어떻게 다른가?

자, 입산과 동시에 만나는 첫 번째 질문입니다. 그런데 다짜고짜 '기후 위기'로군요. 기후변화, 기후 위기라는 말은 많이 들어봤고 또 친구들과도 많이 이야기해봤을 거라고 생각해요. 그렇다면 '생태 위기'는 어떨까요? 기후 위기와 생태 위기, 이 둘은 같은 건가요, 다른 건가요?

첫 번째 질문으로 기후변화와 관련된 질문을 꼽은 이유는, 이 주제가 오늘날 우리의 삶에 너무나도 중차대한 주제이기 때문이지요. 아니, 어쩌면 지금 우리 사회가 직시하고 감당해야 하는 가장 큰 문제 덩어리는 기후변화일지도 몰라요. 이 점에 동의하든 그렇지 않든, 오늘날 수많은 이들이 이 사안에 지대한 관심을 기울이고 있다는 것만은 사실이겠지요. 탈탄소사회니, 탄소중립(넷제로)이니, 그린뉴딜이니 하는 기후변화 대응책을 한창 떠들고 있지 않던가요. 우리가 익히 알고 있듯, 이산화'탄소'로 대표되는 온실가스가(이산화탄소 76%, 메탄 16%, 아산화질소 6%, 그 외 수소불화탄소 등이 있지요) 대기권에 과잉 누적되면서 지구 온도가 상승하고 지구 전체의 기후에 이상이 생겼다는 것이, 기후위기론의 핵심 내용이지요.

결국 탄소가 주범이므로 탄소 배출량을 줄이면 자연히 기후 위기도 해소될 거라는 단순 결론이 도출됩니다. 같은 맥락에서, 탄소로 상징되는 온실가스는 오염물질, 악성물질로 인식되고 있습니다. 하지만 무엇을 오염시키고, 왜 악성인가요? 삶의 즐거움과 희망 전체를 오염시키고, 미래 전체를 암울하게 하기에 악성입니다. 그렇습니다. 탄소 문제는 그저 하나의 환경문제가 아닙니다. 이것은 지축을 뒤흔드는 '대지진' 같은 거지요.

그렇다면 '생태 위기'라는 단어는 여러분의 머릿속에서 '기후 위기'라는 단어와 어떻게 연결될까요? 아마도 잘 연결이 안 되겠지요?

그러나 생각해보세요. 우리가 지금 이야기하고 있는 기후 위기는 단순히 특정 기상현상의 출현이 아니라 지구 기후 시스템 전체의 이상, 고장, 붕괴랍니다. 기후 시스템은 지구 시스템이라는 단일한 시스템의 한 면모일 뿐이고요. 그러니까 기후 위기는 지구 시스템의 생태적 비정상, 붕괴 위험이라는 맥락 속에서 이해되어야만 해요.

이 점을 선명히 말해주는 개념이 지구 위험 한계선(Plantary Boundaries)이라는 개념이랍니다. 이 개념은 2009년 요한 록스트림, 제임스 핸슨, 파울 크뤼천 등이 구성한 한 연구팀이 발표한 보고서에 처음 등장해요. 이 연구팀은 이 보고서에서 이렇게 이야기합니다 ―지구 시스템에는 특정 한계선들이 있는데, 그 선을 절대 넘어서는 안 된다, 왜냐하면 그때는 지구 시스템에 이상이 생기기 시작하기 때문이다! 그러면서 이들은 총 9개의 과정에 그런 한계선들이 있다고 했어요. 기후변화, 생물다양성, 해양 산성화, 토지 이용, 질소와 인, 담수 이용, 대기의 에어로졸 부하, 신 물질, 오존층. 이렇게 9개입니다. 한계선들의 구체적인 내용, 즉 수치도 제시했지요. 가령 기후변화와 관련해서는 이산화탄소 농도 한계선이 350ppm, 토지 이용에 관해서는 산림의 감소 한계선이 육지의 25%…… 이런 식으로요.•

그렇다면 인류는 지구 위험 한계선들을 이미 넘어선 걸까요? 불행히도 최근 연구는, 인류가 9개 가운데 7개의 한계선을 이미 넘어섰다고 진단하고 있답니다. 대기의 에어로졸 부하, 오존층을 제외한 전 영역에서 위험 한계선을 넘어섰다는, 너무도 충격적인 결과를 발표한 것이죠. 물론, 저 9가지 과정에서 핵심적 중요성을 띠는 것은 기후변화라고 할 수 있어요. 기후 시스템에 이상이 생기면 멸종하는 동식물이 급증하고, 산림 식생이나 강수량의 패턴 같은 것도 크게 변성될 수밖에 없으니까요.

• 제이슨 히켈, 김현우·민정희 옮김, 『적을수록 풍요롭다』, 창비, 2021, 171.

하지만 멸종 위기로 내몰리는 생물종 안에는 인류도 포함되겠지요. 음, 좀 무시무시한 책인데요. 데이비드 월러스 웰즈가 쓴 『2050 거주불능 지구』라는 책에는 기후변화로 인해 인류가 앞으로 받을, 이미 받고 있는 기후 충격이 소상히 언급되고 있어요.

하나만 예를 들어볼까요? 2003년 여름 유럽에서는 하루에 2,000명 꼴로 총 3만 5,000명이 폭염으로 사망했답니다. 2010년 폭염으로 사망한 러시아 인구는 약 5만 5,000명에 이르고요. 만일 지구 평균 기온이 4도 올라가면, 이러한 여름이 일상이 될 거라고 합니다. 현 추세대로 탄소 배출이 진행되어 2050년에 이르면, 열사병으로만 16억 명의 인구가 죽을 것이라고도 하지요.[•] 16억 인구의 떼죽음을 감히 상상할 수 있을까요? 제2차 세계대전의 사망자가 약 7,000만 명으로 추산되는데, 그 23배의 인구랍니다. 폭염만으로도 제2차 세계대전이 23번 일어나는 것 같은 결과가 나온다니, 무시무시한 미래이지요.

그러나 폭염은 기후 붕괴가 초래할 하나의 병증에 불과합니다. 가뭄과 산불, 태풍과 허리케인과 쓰나미, 눈 폭풍과 혹한, 식량 부족, 도시의 침수, 신종 바이러스 팬데믹……. 그야말로 전시

[•] 데이비드 월러스 웰즈, 김재경 옮김, 『2050 거주불능 지구』, 추수밭, 2020, 71~82.

상황이겠지요. 하지만 이건 꼭 데이비드 웰즈의 책에만 나오는 예측은 아니랍니다. 더욱이 미래 이야기만도 아니지요. 21세기 들어 인류의 일부가 이미 경험해온 사건들입니다.

그런데 상황이 이렇게까지 악화된 것은 인류의 특정 활동이 지구 시스템 전체를 공격했기 때문이지, 지구 기후 시스템만을, 대기권만을 타깃 삼아 공격했기 때문이 아니라는 것—이 점을 인식하고 생각하는 것이 중요합니다. 그러니까 이처럼 엄중한 현실에서 우리가 성찰해봐야 하는 것은 기후 위기에 국한되어서는 안 돼요. 지구 곳곳의 전반적 위험 상황을 폭넓게 보고, 원인과 대처 방안을 논의해야 한다는 말입니다.

이 문제에 누가
책임이 있을까?

처음부터 너무 숨 가쁘게 나아가고 있나요? 조금 천천히, 숨을 고르며 걸어볼까요? 두 번째 질문은 책임에 관한 질문입니다. 먼저 하나 물어볼게요. 인류세(Anthropocene)라는 용어를 들어본 적이 있을까요? 인류가 지구의 지질학적 질서마저 좌우하게 된 시대를 지칭하는 용어이지요. 그런데 어떤 학자들은 이 용어를 싫어

한답니다. 이 용어를 사용하게 되면, 지구의 지질학적 질서나 지구 (기후) 시스템에 변형을 일으킨 범인을 '인류 전체'라고 생각하기 쉽기 때문이지요.

물론 그런 학자들은 '범인은 따로 있다'고 생각한답니다. 그렇다면 그들이 말하는 그 범인은 정확히 누구일까요?

우선 시대적으로는 19세기와 20세기를 살았던 이들이 포함될 겁니다. 그런데 J. R. 맥닐이라는 학자에 따르면, 1945년부터 2015년 사이 70년간 배출된 이산화탄소가 인류역사상 배출된 이산화탄소의 3/4이라고 하거든요. 도시 인구와 플라스틱, 합성질소 생산량이 폭증한 시기도 바로 이 시기라고 이들은 집계합니다.* 기후·생태 위기와 관련하여 20세기 중반 이후가 정말 말썽인 시대라는 인식이 필요한 이유이지요.

공간적으로는 어떨까요? (주로) 대서양 양편의 고소득 국가들의 시민들과 기업들이 범인으로 지목되어야 할 거예요. 좀 더 폭을 넓혀 북반국 국가들이 범인이라고 이야기할 수도 있겠지요. 한 연구에 따르면, 기후 붕괴 가운데 92%의 책임이 북반구 국가에 있다고 하니 말입니다(미국 40%, 유럽연합 29%, 러시아와 나머지 유럽국가 13%, 일본 5% 캐나다 3% 등. 그런데 이들은 세계 인구의 19%에 불과합니다).** 하지만 92%에 책임이 있다는 세계 인구 19%, 그 모두에게 기후 책임을 묻는 게 과연 타당할까요? 이 질문은 가치가 있어요. 그 19% 중에서 기업들의 책임, 특히 화석연료 기업들의 책임이 막대하기 때문이지요. 기후 책임을 따지는 사이트 climateaccountability.org의 자료를 보면, 셰브론, 엑슨모빌, BP, 셸, 페멕스 같은 기업들이 1965~2018년에 얼마나 많은 탄소를 배출했는지 한눈에 알 수 있답니다. 세계 온실가스 배출원은 화석연료로 인한 배출과 산림 손실로 인한 배출로 나뉘는데요, (자동차 원료인 선철을 확보하기 위해) 아마존의 열대우림을 파괴하는 제너럴 모터스(GM), BMW, 메르세데스, 포드, 닛산 같은 글로벌 자동차 기업들 역시 탄소 범죄 기업으로 분류될 수 있겠지요.●●●

이처럼, 기후·생태 위기에 누가 책임을 져야 하느냐를 따지는 자리에서 우리는 20세기 중반 이후라는 '지금 우리가 살고 있는' 시대의 특정 인류를, 특히 북반구 고소득 국가들과 그곳에 기반을 둔 특정 기업들을 먼저 지목해야 합니다.

● J. R. McNeill, *The Great Acceleration*, Harvard University Press, 2016.
●● 제이슨 히켈, 앞의 책, 160~161.
●●● 클라우스 베르너-로보, 한스 바이스, 김태옥 옮김, 『세계를 집어삼키는 검은 기업』, 숨쉬는책공장, 2016, 279.

생태 배낭이란
무엇일까?

자, 이제 세 번째 질문으로 넘어가볼게요. 생태 배낭(Ecological Ruck-sacks[Backpacks])이라는 용어를 들어본 적이 있을까요? 아마도 생소하지 않을까 싶군요.

생태 배낭은 한마디로 '배낭 안에 담긴 생태적 부담'을 뜻한답니다. 배낭이라고 한 것은, 배낭 안에 무언가를 끌고 와 짊어지고 있음(일종의 도둑질)을 강조하기 위한 것이지요. 생태 배낭 무게가 클수록 자연에 지워진 부담의 총량도 크겠지요. 그렇다면 자연에 지워진 생태적 부담을 나타내는 '생태 발자국(ecological footprint)'과 이것은 어떤 차이가 있는 걸까요? 생태 배낭은 상품에 주목하는 개념이랍니다.

2004년 프리드리히 슈미트-블리크가 생태 배낭이라는 개념을 창안했을 때 생각한 것은, 기업들이 출시하는 각 상품 안에 어느 정도의 천연 물질(대지, 바위, 흙, 광물, 생물 등)이 포함·연루되어 있냐 하는 것이지요. 가령 소고기 1kg이라는 상품이 소비자 앞에 오기까지 희생된 물과 풀, 사료 등(소고기 1kg을 생산하는 데 들어간 천연 물질)의 총량이 바로 소고기 1kg에 해당하는 생태 배낭(배낭 안에 담긴 천연 물질)이지요.•

그러니까 생태 배낭은 어떤 상품이 생산되는 과정에서 지구 내 일정한 생태계에 어떤 생태적 부담을 지우는지 보여주는 지표가 되겠지요. 하지만 그것만은 아니겠지요. 이 지표는 동시에 그 상품을 소비하는 (주로는 북반구) 소비자들이 그 부담 지우기에 얼마나 참여하는지도 보여줍니다. 앞서, 기후·생태 위기 초래에 기업들의 책임이 크다고 했는데요. 그 기업들의 활동이라는 것도 소비자들의 상품 사랑, 기업 사랑이 없으면 지탱되기 어려운 것이에요. 기업의 권력과 영광과 책임은 소비자들의 상품 향유·소비 쾌락 경험, 소비를 통한 자존감·과시욕 실현이라는 오늘날의 일상과 하나의 실타래를 이루고 있어요. 조금 달리 말해, 어느 상품을 선택해서 구매하는 행동은 그 상품을 출시한 기업을 물심양면으로 지원하는 막강한 기업 투표 행동입니다. 만일 소비 행위로써 소비자가 떠안게 되는 생태 배낭의 무게가 가볍다면, 그 소비 투표는 자랑할 만한 행동이겠지요. 하지만 현실은 그 정반대인 경우가 많습니다. 무슨 말인가요? 기업들의 책임에는 소비자들의 책임이 착 달라붙어 있다는 말입니다.

● 일 엘거, 김흥옥 옮김, 『우리의 지구, 얼마나 더 버틸 수 있는가』, 도서출판 길, 2010, 141~142; http://www.ressourcen-rechner.de/?lang=en (구글 검색어: ecological backpack) 이 사이트에서는 각자 어느 정도의 생태 배낭을 짊어지고 사는지 계산할 수 있으니, 시간 날 때 계산해보기를 바랍니다.

경제와 자연은 두 개의
다른 영역인가?

자, 이제 우리는 어느덧 산마루에 도달해 있군요. 여기서 생각해
볼 것은 경제와 자연이라는 개념에 관한 것이랍니다. 흔히 우리
는 경제라는 영역이 따로 있고, 자연(자연생태계) 또는 야생이라는
영역은 또 따로 있다고 생각하곤 하지요. 이 생각은 맞을까요?

정답은 맞다/맞지 않다, 둘 다입니다. 왜 그럴까요?

이 질문에 답하려면 지금 우리의 경제인 자본주의 경제의 속
성을 알아야만 해요. 자본주의의 핵심적 성격은 무엇일까요? 기
업(자본가)이 노동자를 고용하고, 노동자가 잉여가치를 생산한다
는 것일까요? 다른 경제 시스템과 변별되는 자본주의만의 한 가
지 핵심 특징은 각 기업의 그리고 자본주의 경제 전체의 무계획
성과 무한확장성이라고 할 수 있어요. 물론 기업들은 매년 '~% 성
장'이라는 계획을 세우긴 하지요. 하지만 장기 계획은 없어요. 기
껏해야 5년 정도의 계획이겠지요. 또한 이러한 단기적 성장 계획
에도 한계선은 없어요. 앞서 본 지구 위험 한계선이라는 개념에
서 짐작할 수 있듯, 지구에는 일정한 한계가 있는데 자본주의(기
업)의 전진에는 한계가 없다는 것—이것이 우리가 처한 기후·생
태 위기 상황의 핵심이라고 할 수 있어요.

그리고 바로 이런 까닭에, 자본주의는 지난 300여 년간 글로벌 시스템으로 현재의 형태를 구축해가며, 지구 곳곳의 야생지대에 대한 지배력을 조금씩 조금씩 계속 확장해왔지요. 그런데 이건 자본주의 기업이, 이를테면 삼성이나 애플, 네슬레 같은 기업이 야생지대를 망치겠다는 악의를 품고 있기 때문이 아니랍니다. 그 기업들은 그저 이윤을 원할 뿐이지요. 하지만 그 이윤은 어떻게 창출되고 증대될 수 있나요? 그 기업들은 이윤 증대(즉, 성장)를 위해 예년(과거)보다 더 많은 자연 자원(원재료라 불리는 광물, 석유, 석탄, 동물, 식물, 물 등)을 필요로 하고, 그것이 있는 자연의 장소를 소유하거나 이용하기를 원하게 되지요.

가령 2019년에 발표된 《사이언스》 보고서에 따르면, 2019년 기준 세계 상품 공급망 속으로 5,579종의 동물종이 끌려 들어가고 있고, 머지않아 그 종수는 8,775종이 될 예정입니다.[●] 현 자본주의가 얼마나 자연 공격적인지를 여실히 보여주고 있습니다. 문제는 (대다수 자본주의 국가들에서) 자연에 대한 자본주의의 공격에 제한이나 제약이 없다는 것이에요. 지구의 자원이 단 한 톨 남을 때까지, 야생지대를 침범하고 자원을 집어삼키는 자동운동하는

● 안드레아스 말름, 우석영·장석준 옮김, 『코로나, 기후, 오래된 비상사태』 마농지, 2021, 82.

기계가 가동되고 있는 셈이지요. 화면에는 주가(증시) 현황 그래프가 있지만, 화면 뒤에는 불도저가 있습니다.

그 결과는 어떤가요? 최근의 한 연구는, 현재 지구에 인간의 손이 닿지 않은 야생지대는 육지의 경우 23%, 바다의 경우는 13%에 불과하다고 말합니다.● 지구의 자연은 인간의 경제 없이도 잘 돌아가게 되어 있지만(자연과 경제는 다른 것), 현 자본주의 경제는 지구의 자연에 기생한 채로만 돌아가고 있답니다(자연과 경제는 다르지 않은 것).

그런데 이런 상황은, 잘 생각해보면, 경제라는 영역은 자연이라는 영역이 그 토대가 되어주지 않으면 존립 자체가 불가능하다는 명백한 사실을 말해줍니다. 자본주의만이 아니라 모든 경제가 그러하지요. 그렇습니다. 안정적 지구 시스템이, 그러한 의미로서의 자연이 붕괴하면 경제도 붕괴하게 됩니다. 지구 시스템의 한계선을 침범하지 않는 방식의 경제가 지금 우리에게 요청되는 이유이지요.

● Jones, K. R. et al. Curr. Biol. 28, 2506-2512 (2018); Allan, J. R., Venter, O. & Watson, J. E. M. Sci. Data 4, 170187 (2017). https://www.nature.com/articles/d41586-018-07183-6.

생태적인 삶은 도덕적으로 바람직한 삶일까?

자, 많이 올라왔군요, 이제 우리는 산 중턱을 넘어, 산봉우리 가까이 조금 더 올라갑니다. 질문은 이러합니다 ─생태적인 삶은 도덕적으로 바람직한 삶인가? 뭔가 이상한 질문이지요?

'생태적인 삶'이라고 하면, 당연하고 자연스러운 삶이 아니라 '추구해야 하는' 삶처럼 들립니다. 생태적인 삶은 도덕적으로 추구해야 하는 삶일까요?

여기서 말하고 싶은 것은, 이 같은 질문이 무색해진 새로운 시대로 우리는 이미 접어들었다는 것이랍니다. 20세기 어느 시점에, 가령 1965년이나 1975년에 생태적인 삶은 도덕적으로 추구해야 하는 삶일 수도 있었겠지요. 이미 그때 미국의 레이철 카슨이나 독일의 에리히 프롬 같은 선각자들은 생태적인 삶을 이야기했어요. 그리고 이들의 주장엔 분명 도덕적인 색채가 묻어 있었어요. 그 주장은 동물로서 인류가 지상에서 어떻게 살아남을 것이냐는 차원의, 절박한 주장은 아니었던 셈이지요. 하지만 지금은 어떤가요?

경제와 문명의 토대 자체가 위태롭다는 현실을 인류가 인지하게 된 상황에서, 지구 위험 한계선을 특히 탄소 한계선을 침범하지 않는 한도 안에서 살아가는 삶, 또는 자연의 한도 안에서 행복을 찾는 (집단적·개인적) 삶이란 도덕적으로 추구해야 하는 삶이 아니라, 사활이 달린 삶의 길이 되고 말았습니다. 그렇습니다. 생태적인 삶은 지금 우리에게 여러 선택지 가운데 하나의 선택지가 아니에요. 그것은 인류의 생존을, 여러분의 목숨을, 즉 미래를 보장할 유일한 삶입니다.

생태적인 삶은
행복한 삶일까?

자, 이제 곧 정상이로군요. 마지막으로 물어볼게요. 생태적인 삶은 행복한 삶인가요? '행복'이라는 가치와 '생태적'이라는 가치, 이 둘은 과연 조화로울까요?

이 질문에 답을 하려면, 우리가 지금 행복한 삶이라고 생각하고 있는 제국적 생활양식을 먼저 생각해봐야만 할 거예요. 앞에서 생태 배낭을 이야기했는데, 생태 배낭의 무게가 큰 사람은 그만큼 지구의 천연 물질을 많이 뽑아다 쓰고 있는 사람이라 할 수 있겠지요. 그런데 그 물질의 대부분은 지구의 일부 지역에서 뽑아다 쓰고 있다는 게 중요합니다. 빼서 쓰는 자와 뺏기는 자 사이에 불평등이 성립한다는 것이지요. 그래서 안드레아스 말름이라는 학자는 북반구 국가들과 (중남미, 인도네시아, 말레이시아, 아프리카 등) 남반구 국가들 사이에 이루어지는 생태적으로 불평등한 교환을 가리키기 위해 '무역 폭풍'이라는 용어를 쓴답니다. 북반구 소비자들을 위해서 남반구의 자원들이 무역 폭풍이라는 통로를 통해 빨려 들어가고 있다고 보는 것이지요.

예컨대, 커피, 소고기, 설탕, 팜유의 경우, 주요 수입국은 북반구의 고소득 국가들이지만, 수출국은 남반구 저소득 국가들입니다.• 이러한 무역 폭풍을 통한 이동의 최종적 결과물을 오늘날 우리는 백화점, 쇼핑몰에서 발견하게 됩니다. 그리고 남반구의 자연을 원료로 하는 (하지만 북반구의 백화점, 쇼핑몰에서 주로 유통되는) 상품들을 거리낌 없이 향유하기만 하는 삶, 그러니까 지구의 자연에도, 저소득 국가들 국민들에게도 (자신이 져야 할) 생태적 부담을 은근히 떠넘기면서도 그 사실에 눈 감는 사람이 있다면, 그 사람의 삶의 양식을 '제국적 생활양식'이라 부를 수 있을 거예요.

이러한 삶을 행복한 삶이라 할 수 있을까요? 그렇게 말할 수 없다는 이들이 만든 행복 지표, Happy Planet Index를 소개할게요.•• 세계 각국의 행복 지수에 관한 지표로, 측정 기준은 기대수

• 안드레아스 말름, 앞의 책, 70~76.

•• Happy Planet Index는 생태 배낭을 측정 기준으로 삼지 않아서 북반구 고소득 국가들의 남반구 자연 착취가 반영되어 있지 않다는 문제가 있다는 점, 기억하세요.

명, 객관적으로 드러난 웰빙, 생태 발자국, 이렇게 총 세 가지랍니다. 그러니까 이 지표엔 생태 발자국이 높은 삶이란 불행한 삶이라는 대전제가 깔려 있는 것이지요.

이 세 가지 기준은 행복을 측정하기에 적당한 기준일까요? 이 기준들이 완벽한 것들이라고 보기는 어려울 거예요. 사실, 행복을 숫자로 측정한다는 발상 자체가 터무니없는 것일 수도 있어요. 설혹 숫자를 배제한다 해도, 행복의 정도(수준)를 측정하는 완벽한 또는 객관적인 기준이라는 것이 과연 있을 수 있을까 싶기도 합니다.

하지만 Happy Planet Index는 생태 발자국(자연에 떠넘기는 생태적 부담의 정도)이 개인의 행복에 중요한 하나의 기준이라는 생각을 제시하고 있다는 점만으로도 충분히 존중받아야 한다고 생각해요. 그건 우리가 자연에 은근슬쩍 부담을 떠넘기면서도 우리의 행복이 가능하다고 착각하는 경향이 크기 때문이지요. 실제로 그렇게 살아도 당장은 아무 문제도 없고요. 아니, 그 정도가 아니라 사실 우리 중 대다수는 오직 부담을 자연에 떠넘기는 식으로만 자신의 행복을 확보하면서 살아가죠. Happy Planet Index의 기준은, 바로 그런 식의 행복이 가짜 행복이라고 분명히 말한다는 점에서 중요한 의미가 있어요.

그렇습니다. 생태 발자국을 가볍게 하는 삶, 지구의 이웃들을 우러러 부끄러움 없는 삶이 행복을 가능하게 합니다. 생태적 부담을 자기 아닌 누군가에게 떠넘기는 행동은 언젠가는 그 행동 주체에게 반드시 되돌아온다는 무서운 사실도 생각해봐야 해요. 바다에 버린 플라스틱 폐기물이 미세플라스틱 형태로 되돌아오는 현상이 대표적이지만, 플라스틱 사례는 빙산의 일각일 뿐이죠. 우리가 대기 중에 배출하는 온실가스는 폭염, 태풍, 농산물 생산량 감소, 값비싼 채소 등의 결과물로, 언젠가는, 어떤 식으로든 우리에게 되돌아옵니다. (무서운 말이지만, 만일 이번 생에 그 행동 주체에게 되돌아오지 않는다면, 다음 생에선 반드시 되돌아올 겁니다.)

왜 그럴까요? 근본적으로는 우리 인간의 신체와 삶 자체가 지구의 물리적·생태적 순환 운동들과 얽혀 있기 때문이겠지요. (평소에 우리가 거의 생각하지 않지만, 우리가 별 탈 없이 호흡할 수 있는 것은 대기권의 적정 산소 농노가 유지되기 때문이에요. 우리 집에 수돗물이 잘 공급된다면, 그건 한국수자원공사에서 일을 잘하고 있기 때문이기도 하지만, 그 이전에 지구의 물순환에 별 탈이 없기 때문이랍니다.) 고래나 도요새, 물푸레나무나 옥수수를 이루는 물질이 우리 몸도 이루고 있고, 그들과 우리가 같은 질서 안에서 같은 자연의 압력을 받으며 살아가고 있기 때문이기도 하고요. 이것이 부동의 사실인 이상, 우리가 행복할 수 있는 길은 사실 태어날 때부터 정해져 있어요. 실외의, 체외의 자연이 실내·몸(이것들도 자연의 한

형식이지요)과 언제나 함께 숨을 쉬고 있는 큰 집, 큰 몸임을 알아차리는 길이지요. 이 큰 집과 몸의 웰빙이 작은 집과 몸의 웰빙을 보장합니다. Happy Planet Index는 이 점을 말하고 있어요.

닫는 글_
하산 안내문

자, 이렇게 우리의 등산 여정은 끝이 났네요. 하지만 끝이 아닙니다. 하산이 남았으니까요. 그런데 하산은 여러분의 몫이랍니다. 내려가는 길에 꼭 생각해봤으면 하는 것이 있는데, 마지막으로 그걸 이야기해볼게요.

지금 우리는 인간이 자연의 다른 구성원들, 대표적으로는 동물들과 식물들과 광물들보다 우월한 존재, 그들을 지배할 권리가 있는 존재가 아님을 알아차리라는 요청을 받고 있어요. 동물들과 식물들의 지능과 역량, 실제의 삶에 관한, 지구 시스템과 그 위험 상황에 관한, 우주사와 지구사에 관한 과학 논문들이 그러한 요청을 떠받치고 있습니다. 인간은 지구의 주인도, 다른 생물들에 비해 월등히 뛰어난 존재도 아니라는 것이지요.

그렇긴 하지만, 인간에게는 유독 인간에게 뚜렷하게 나타나는 특성이 있지 않을까요? 어떤 학자는 그것을 추상적 사고 능력이라고 하기도 하고, 다른 학자는 과거를 반성하며 미래의 시나리오를 짜는 능력이라고 하기도 하지요. 미래를 계획하는 이 능력을 '꿈을 꾸는(이상을 품는) 능력'이라고 바꿔 표현한다면 어떨까요?

큰 위기는 그 앞의 개인을 위축시켜 오직 생존에만 집착하는 동물의 상태로 만들어버립니다. 여러분, 공무원 되어 (결혼은 안 하고) 반려동물과만 살겠다는 계획은 인간이 꿀 수 있는 하나의 꿈이 아니에요. 그것은 오로지 생존에만 매달리는 저급한 동물의 상태가 되고 말았다는, 씁쓸하고 수치스러운 고백일 뿐이지요. 그러한 삶은 사실 오소리도 살아갈 수 있는 삶이지요. 아니 오소리라면 가족을 만들어 그보다 훨씬 더 풍요로운 소통과 공유와 성취의 즐거움을 누리며 훨씬 더 행복하게 살겠지요.

꿈을 꾸고 그것을 향해 나아간다는 것에 인간의 멋과 기품과 향기가 있습니다. 그러나 그 나아감이 가치 있으려면 (현실에 대한) 앎이 뒷받침해주어야 해요.

기후·생태 위기라고 통칭되는 이 위기는 엄연한 현실이지만, 이것을 돌파하며 인류가, 우리 사회가 새로운 시대를 열 가능성까지 아직 완전히 닫힌 것은 아니랍니다. 여러분은 지금 큰 꿈을 꾸기 좋은 시대를 살고 있다는 것을 꼭 기억하세요. 지금, 생태적인 삶이란 새롭게 꿈꾸는 삶이기도 하다는 것을 꼭 기억하세요.

청소년을 위한 과학 인문학

초판 1쇄 2024년 11월 30일
지은이 김호연, 양홍석, 우석영, 이권우, 이상욱, 이정모, 송상용, 장익준, 황임경
편집기획 북지육림 | **본문디자인** 히읗 | **종이** 다올페이퍼 | **제작** 명지북프린팅
펴낸곳 지노 | **펴낸이** 도진호, 조소진 | **출판신고** 2018년 4월 4일
주소 경기도 고양시 일산서구 강선로 49, 916호
전화 070-4156-7770 | **팩스** 031-629-6577 | **이메일** jinopress@gmail.com

© 김호연, 양홍석, 우석영, 이권우, 이상욱, 이정모, 송상용, 장익준, 황임경, 2024
ISBN 979-11-93878-15-6 (43400)